AF455050

VOYAGE
EN GRÈCE.

I.

Deux exemplaires de cêt ouvrage ont été déposés à la Bibliothèque impériale. Tous ceux qui ne seront pas signés par moi, seront saisis.

Paris, 15 Juillet 1807.

Deutcz

VOYAGE
EN GRÈCE,

FAIT DANS LES ANNÉES 1803 ET 1804,

PAR J. L. S. BARTHOLDY;

CONTENANT des détails sur la manière de voyager dans la Grèce et l'Archipel; la description de la vallée de Tempé; un tableau pittoresque des sites les plus remarquables de la Grèce et du Levant; un coup-d'œil sur l'état actuel de la Turquie et de toutes les branches de la civilisation chez les Grecs modernes; un voyage de Négrepont, dans quelques contrées de la Thessalie, en 1803, et l'histoire de la guerre des Souliotes contre Ali-Visir, avec la chute de Souly en 1804.

TRADUIT DE L'ALLEMAND,

PAR A. DU C****.

PREMIÈRE PARTIE.

PARIS,
DENTU, Imprimeur-Lib.re, rue du Pont-de-Lody, n.° 3.
M. D. CCC. VII.

AVERTISSEMENT

DU TRADUCTEUR.

DANS un moment où la Grèce, et en général toutes les contrées soumises à l'Empire Ottoman, occupent plus que jamais l'attention de l'Europe, et lorsqu'à l'intérêt classique attaché de tout tems à ce pays des grands souvenirs, vient se joindre l'intérêt politique qui fixe aujourd'hui tous les regards sur sa destinée, le traducteur de cet ouvrage a pensé qu'il ne serait pas sans quelque prix pour la France de connaître ce qui a été publié de plus récent sur cette inépuisable matière. L'accueil qui a été fait en Allemagne au *Voyage de M. Bartholdy*, le fortifie encore dans cette opinion ; car cet accueil ne saurait s'attribuer au peu d'ouvrages que les Allemands possèdent en propre sur la Grèce. On sait assez combien les nôtres sont répandus parmi eux ; et tous ceux que nous avons publiés sur le Levant, leur sont certainement aussi familiers qu'à nous-mêmes. Mais ces bons et nombreux ouvrages laissent encore à glaner après eux ; le champ est trop vaste pour pouvoir s'épuiser, et il est des jours sans nombre sous lesquels on peut envisager cette mère patrie des beaux arts.

Un attachement scrupuleux pour la vérité, ce premier mérite de toute description de voyage, se fait reconnaître à chaque page dans celui-ci. Trop amateur des arts et de l'antiquité pour approcher de cette terre classique sans le sentiment de respect dont le tribut lui est dû, l'auteur a su néanmoins écarter tout prestige qui eût pu altérer ses jugemens, et nuire à l'impartialité de ses observations; et l'on verra que les autorités les plus imposantes ne l'ont jamais ébloui.

Le mérite d'une exacte fidélité est le seul auquel le traducteur ait le droit de prétendre : mais celui-là pourrait d'autant moins lui être contesté, qu'il a eu l'avantage de travailler sous les yeux même de l'auteur.

Cet avantage lui a valu celui de faire à l'ouvrage quelques additions qui ne seront pas sans prix aux yeux d'un grand nombre de lecteurs. L'intéressante description du *Pnyx* et le plan qu'on y trouvera joint, sortent pour la première fois du porte-feuille de l'auteur, comme il a indiqué lui-même les changemens assez considérables que l'on pourra remarquer dans la coupe de l'ouvrage français. C'est aussi lui qui a désiré qu'on y joignît la description de la *Porte des Lions*, à Mycènes, qui fait bien proprement partie du voyage de M. Bartholdy, mais qui, ayant été publiée séparément, ne se trouve pas dans l'édition originale.

Une carte de la Grèce s'y faisait également regretter. Celle qu'on a ajoutée ici sera sûrement d'un grand intérêt. Elle est dûe aux soins de M. Lapie, capitaine-ingénieur-géographe; et les renseignemens qui ont servi de base à son travail, sont aussi nouveaux que précieux.

PRÉFACE

DE L'AUTEUR.

Il me paraît assez naturel que celui qui entreprend la lecture d'un livre quelconque, mette un certain prix à connaître à quelle occasion et dans quelles circonstances il a été composé; mais cela devient sur-tout presque indispensable à l'égard des descriptions de voyage, je ne dis pas seulement pour être mieux en état de juger quel degré de confiance est dû à la véracité du voyageur, mais encore pour se placer plus facilement dans la situation d'où il a vu lui-même et observé les objets.

Le goût des voyages, qui ne sont commandés par aucune affaire ni publique, ni particulière, a singulièrement augmenté en Europe depuis une cinquantaine d'années. On en a généralement reconnu ou cru reconnaître l'avantage ; et des classes entières, qui jusqu'ici pensaient pouvoir se contenter de l'instruction qu'elles prenaient dans leur patrie, ne regardent maintenant leur éducation comme complète, que lorsqu'elles l'ont terminée par des voyages dans l'étranger. Là où autrefois le riche seul employait une partie de son superflu, celui qui n'a que de l'aisance y emploie aujourd'hui une partie de ses moyens. L'homme actif et accoutumé aux privations, a frayé et applani la route ; l'indolent et l'efféminé ont eux-mêmes fini par la suivre, et la fureur des voyages s'accroît à tel point, que, comme auparavant une jeunesse simple et façonnée à la vie domestique ne tardait pas à être attaquée du *mal du pays* lorsqu'elle se trouvait entraînée loin de ses paisibles vallons ou de ses salubres montagnes, bientôt l'habitude d'une vie errante, et le desir de connaître de plus beaux climats, engendreront, si je puis m'exprimer ainsi, le *mal de l'étranger*.

C'est à-peu-près ce qui m'est arrivé. Après avoir visité la Hollande, et passé plusieurs mois à Paris, je sentis le desir de visiter aussi les contrées occidentales de la France. Parvenu à Lyon, il m'eût semblé impardonnable de ne pas faire un pélérinage sur les bords du lac de Genève et sur les montagnes de la Savoie. Bientôt le Rhône m'attira par un charme irrésistible, et la douceur de l'air dans ces climats méridionaux, me fortifia dans la résolution de parcourir la patrie des Troubadours. C'est ainsi qu'un voyage s'enchaînait à l'autre. De la France je passai sur le continent d'Italie, de l'Italie en Sicile; et l'Asie-Mineure, Constantinople, l'Archipel et la Grèce terminèrent enfin ma course.

Plus j'ai lu de descriptions de voyage, mieux j'ai reconnu, non-seulement ce qu'elles ont chacune en particulier de bon ou de défectueux, mais encore combien il est difficile en général d'en publier qui soient vraiment utiles. Le vieux Spon dit dans la préface de son excellent *Voyage de Dalmatie et de Grèce* : « Un voyageur « devrait proprement pouvoir répondre à « toutes les questions qu'on peut lui adresser « à son retour ; mais c'est là ce qui est plus « à désirer qu'à espérer, à moins que l'on « ne trouvât un homme universel, et qui « eût en même tems pour ses voyages « beaucoup de santé, de rentes et de loi- « sir. »

Après cette réflexion aussi simple que vraie, et que je me suis souvent répétée, je n'aurais jamais eu le courage de publier quoi que ce soit sur mon voyage, si d'un autre côté je ne m'étais persuadé que, lorsqu'il s'agit d'un pays aussi intéressant que la Grèce, on peut toujours publier quelque chose, sinon d'entièrement nouveau, du moins qui ne soit pas trop connu. J'ose même quelquefois me flatter d'avoir saisi quelques nouveaux jours, parce qu'une grande partie des jugemens et des opinions m'appartiennent en propre, et que j'ai raconté plusieurs choses que je n'ai vues dans aucun livre.

Une circonstance dont ma vanité se sent flattée, c'est d'être, depuis très-long-tems, le premier Allemand qui ait publié quelque description de cette patrie des plus grands hommes de la terre ; et mon ambition sera satisfaite, si l'on veut bien me considérer comme un enfant perdu, qui a hasardé de frayer la route, et qui, fuyant comme un Parthe, laisse à de plus forts que lui la victoire et le butin.

Mon vieux ami Spon dit, en parlant de son important ouvrage : « C'est plutôt par « fantaisie et pour mon plaisir que je l'ai « entrepris, que pour devenir savant. Bien « loin d'avoir cette prétention, je me con- « tente d'être du nombre de ceux que Sca- « liger nomme les *porte-faix* des grands « hommes, parce que par leurs efforts ils « leur fournissent des matériaux pour exer- « cer leurs spéculations et enrichir leurs « connaissances. »

Ce que le bon Spon n'a dit que par modestie, je le répète, moi, dans le sentiment de la plus intime conviction.

Il me reste un mot à dire sur la forme que j'ai donnée à mon voyage. L'historique exact de chaque journée de marche fatigue le lecteur, et les observations se trouvant par là morcelées et sans liaison entr'elles, les tableaux ne peuvent manquer d'y perdre beaucoup de leur vivacité. La Grèce n'est plus assez inconnue pour qu'on puisse avoir besoin d'une description élémentaire de toutes ses parties; et je n'ai pu, ni prétendu donner que des notions pour servir à la faire connaître avec plus d'exactitude. De là vient que j'ai séparé les matières, ce qui a donné la forme de traités à mes observations sur les Turcs et sur les Grecs modernes. J'ai fait un simple récit de l'événement de la chute de Souly. Le voyage de Négrepont en Thessalie est le seul que j'aie tiré plus crument de mon journal, en y ajoutant seulement des développemens et des réflexions. Mes lettres sur la vallée de Tempé, ainsi que celle sur la manière de voyager dans le Levant, réunissent ces différentes manières.

Les gravures que j'ai jointes à l'ouvrage, me semblent devoir y ajouter quelque prix. Les dessins originaux sont tous de la main de mon ami Gropius, qui a bien voulu m'accompagner dans mes voyages.

AVIS AU RELIEUR.

PREMIÈRE PARTIE.

DEUXIÈME PARTIE.

VOYAGE
EN GRÈCE.

LETTRE A MON FRÈRE,

Sur la manière de voyager dans le Levant.

Tu as raison, mon ami, d'envier mon voyage. On l'a dit avec vérité, et ce n'est point un simple jeu de l'imagination, que, sur ce sol classique, un sentiment sacré s'empare de nous, et que tout homme pour qui les sciences et les arts, pour qui tout ce qu'il y a de libéral sur la terre a quelque prix, ne peut manquer, en parcourant la Grèce, de s'en trouver plus ou moins pénétré. Mais ne t'imagine pourtant pas que je sois toujours resté à la hauteur de ces sentimens sublimes; et, pour te faire voir dans quelle situation *prosaïque* de l'ame je me suis trouvé quelquefois, je veux te raconter, entr'autres, l'historique d'une de mes journées de voyage, dans laquelle, à la vérité, les noms illustres ne manquent pas, mais qui fut aussi pénible dans la réalité, que le souvenir de l'avoir heureusement surmontée m'est agréable aujourd'hui.

M. Fornetti était demeuré à Larisse avec son janissaire, et je m'en retournais à Athènes avec M. Gropius et mes deux domestiques par Pharsale et Zeitoun (vraisemblablement l'ancienne Lamia), à l'entrée des Thermopyles. J'étais déjà un peu ennuyé des escortes turques, vu que, ni dans la tournée que j'avais faite neuf mois auparavant dans l'Asie Mineure, ni dans celle que je venais de faire avec M. Fornetti, je ne les avais trouvées d'une très-grande utilité; et cette fois, la fantaisie me prit d'essayer de m'en passer.

Tu sais qu'il n'existe presque plus en Grèce de chemin de voiture. Ceux dont les anciens font mention, sont souvent dans un tel état, qu'on ne saurait même concevoir comment il est possible qu'une voiture y ait jamais passé. Il n'est même pas rare de rencontrer d'assez mauvais pas pour qu'un voyageur prudent juge à-propos de descendre de cheval : c'est notamment le cas près de Delphes, entre Sicyon, Némée et Argos, sur la voie sacrée d'Athènes à Eleusis, et sur cette route par laquelle Télémaque, accompagné du fils de Nestor, se transporta si promptement vers Ménélas; quoique d'ailleurs, sur tous ces mêmes points, l'on retrouve de tems en tems quelque trace de l'ancienne voie. On ne saurait penser non plus à voyager à pied; sans parler de tous les autres inconvéniens, du moins n'échapperait-on pas à celui d'être rangé, par les habitans du pays, et surtout par les Turcs, dans la classe des mendians, ou même de passer auprès d'eux pour un homme complètement en démence. Il ne reste donc d'autre parti à prendre que de faire la route à cheval. Les Turcs et les Grecs qui sont quelquefois dans le cas de voyager, ont d'ordinaire leurs propres chevaux, sinon ils en louent pour tout le voyage, ne manquant guères de revenir au lieu d'où ils sont partis. Mais les Francs aiment mieux en changer plus souvent; ce qui fait qu'ils se servent de préférence de la poste ou des *misil-chane*, qui se composent d'un certain nombre de chevaux que les communes considérables, tant dans les villes que dans les bourgs, sont tenues de fournir pour le service des Tartares, et qu'elles louent aussi aux étrangers. Ce sont presque toujours des Grecs pauvres qui servent de postillons (*chirugis*); quelquefois cependant aussi, dans les villages entièrement mahométans, des Turcs ou des Nègres.

Quoiqu'il soit assez rare que ces chevaux soient refusés aux voyageurs, cela arrive cependant quelquefois, s'il se trouve par hasard qu'il y en ait un grand nombre commandé pour le service public, ou que l'on veuille visiter des ruines trop éloignées de la route. Pour éviter cet inconvénient, on ne saurait mieux faire que de prendre avec soi un Tartare, auquel on ne peut en refuser.

Les voyageurs qui ne sont pas encore bien au fait des circonstances du pays, ont coutume de prendre pour escorte les janissaires de leurs consuls ou ministres respectifs. On donne le nom de *jassakschiss* à cette classe de janissaires qui s'est consacrée au service des Francs. Ils sont en très-mauvais renom chez les Turcs, à cause de leur grande communication avec les infidèles. Je les ai entendu comparer à ceux qui remplissent les fonctions les plus odieuses et les plus viles ; et l'on m'a assuré que, comme les valets de bourreau, ils avaient leur sépulture à part. Ce qu'il y a de certain, c'est que rarement ils sont braves. En revanche, ils entendent parfaitement bien leurs intérêts, d'autant que ce n'est que par cupidité qu'ils se prêtent ainsi à servir continuellement les chrétiens. Achmet Bascha (non Pacha, ce qui caractériserait la dignité si connue, tandis que l'autre qualification revient à-peu-près à ce qu'est chez nous celle de maître), janissaire attaché au consulat impérial de Smyrne, et que j'avais avec moi dans l'Asie Mineure, se distinguait singulièrement par la richesse de ses habits ; mais il était presque incapable de supporter la moindre fatigue, et me demandait à chaque instant des séjours, et la permission de se baigner, article même qu'il mettait assez volontiers sur mon compte. Les Tartares, au contraire, sont infatigables, ont une connaissance parfaite du pays, et, en qualité de courriers de l'Etat, jouissent d'une certaine considération. Au reste, personne n'ignore que la plupart ne sont rien moins que d'origine tartare, et qu'ils n'ont de cette nation que le nom et le costume.

Les stations sont d'ordinaire fort longues, de six milles d'Allemagne au moins; mais néanmoins, si l'on entend la manière d'exciter ces *chirugis*, on avance extrêmement vîte. Lorsqu'on ne trouve pas de chevaux de poste, on prend des *agojatica-allogata*.

L'*agojati*, nom qu'on donne aux possesseurs ou conducteurs de ces chevaux, fait de très-fortes journées, et à très-grands pas, à pied, à côté de son cheval. C'est de cette extrême fatigue, et de l'épuisement de forces, que souvent ils s'attirent par-là, qu'ils ont reçu le nom d'*agojati* (d'agonie). Ils font d'ordinaire trois quarts de mille d'Allemagne par heure. Comme quelquefois, dans la crainte que leurs chevaux ne se blessent, ils ne veulent pas permettre qu'on y mette de selle, et qu'alors on est contraint de s'accommoder de leurs *sommaris*, espèce de bât des plus durs et des plus désagréables, je n'ai trouvé rien de mieux à faire en cas pareil, que de rembourer mon siége de tout ce que j'avais d'oreillers et de tapis. Leurs chevaux n'ont pour tout frein qu'un bout de corde passé autour du museau ; et cette cavalerie ne vaut pas, à beaucoup près, les fameux ânes de Tivoli, qui, en vrais connaisseurs des beautés de la nature, ne manquent jamais de s'arrêter d'eux-mêmes aux échappées de vue les plus remarquables, et d'y rester de pied ferme le tems marqué, sans consulter si ceux qui les montent sont disposés ou non à l'admiration.

Quoi qu'il en soit, nous trouvâmes des chevaux de poste, et en prîmes huit ; quatre pour nous et les domestiques, deux pour les *chirugis* grecs, et deux en main, portant nos effets et nos ustensiles de cuisine. Nous avions fait un accord de quatre piastres et demie par cheval, et nous avions douze grandes lieues de France jusqu'à Zeitoun. Si nous avions eu un Tartare avec nous, il nous les eût certainement procurés pour deux ou trois piastres. Il nous a fallu quelquefois, quand la journée était forte, les payer jusqu'à six et sept piastres, mais jamais au-delà.

Un dimanche, 4 septembre 1803, nous

fûmes réveillés de très-grand matin par un bruit épouvantable que nous entendîmes dans le chan. La foire de Farsa, nom que porte aujourd'hui Pharsale [1], ve-

[1] M. Pococke se trompe en supposant qu'un petit bourg situé au milieu de Larisse, fut construit sur l'emplacement de Pharsale. C'est assurément près de Farsa que cette ville était située. Le nom, peu altéré, en donne déjà l'indication. On trouve même dans l'écurie du chan de l'horloge, (εις την ωραν) à Farsa, une inscription murée qui vient à l'appui de cette opinion. C'est un marbre noir, fort mutilé, sur lequel on distingue cependant le mot de ΙΑΡΣ, etc. On compte quatre mosquées dans ce bourg, et une église grecque à quelque distance de là, dans un village qui en dépend. Un Grec nous conduisit à l'ancienne citadelle ruinée; elle est bâtie sur une colline qui domine toute la plaine, et de laquelle on découvre parfaitement bien l'enceinte et la situation de l'ancienne ville. Les fortifications de cette citadelle mériteraient un examen particulier. Leur maçonnerie est du genre que depuis quelque tems on nomme en France *cyclopique*. On y voit des tours et des pans de murailles fort épais et massifs; la porte d'entrée, plusieurs citernes très-bien faites, l'emplacement des habitations de la garnison, etc., etc.; et ce qui est fort remarquable, des murailles fort grosses et doubles. L'espace entre ces deux murailles était apparemment rempli de terre, comme Vitruve conseille de les construire.

Négresses amenées par un marchand d'esclaves, à la foire de Farsa.

nait de se terminer, et beaucoup de gens se remettaient en route. De ce nombre était un marchand d'esclaves, qui avait amené des négresses au marché; et c'étaient elles qui, élevant leurs voix glapissantes, faisaient ce vacarme dont je fus réveillé en sursaut. Comme il ne fallait plus penser à se rendormir, et que cependant il était impossible de lire dans la petite chambre ou plutôt dans le trou obscur où nous avions passé la nuit, je m'établis dans le corridor, et, après y avoir lu quelque tems, j'allai presser les chevaux et accélérer le départ. C'étaient assurément de très-chétifs animaux que les nôtres; mais encore, vu la grande concurrence, devions-nous nous estimer fort heureux de les avoir trouvés. Enfin, à six heures, nous nous mîmes en route. Arrivés devant le café le plus voisin, le bât d'un de nos chevaux tourna, et, pendant qu'on était occupé à le rétablir, plusieurs petits polissons, tant turcs que grecs, se rassemblèrent autour de nous, et après s'être contentés pendant quelque tems de nous agacer par des propos, il leur vint en fantaisie de mettre notre patience à une plus forte épreuve. Ils allèrent chercher de l'eau dans le café, et voulaient se procurer le plaisir innocent de nous en arroser; mais nous nous armâmes de nos fouets, et parâmes le danger.

Le célèbre champ de bataille est de l'autre côté de la ville. Il y croît maintenant du coton, qui, sans être de la première qualité, est très-propre à être filé. Nous ne tardâmes pas à arriver dans un vallon resserré, ou sorte de chemin creux, rempli des deux côtés de houx à feuilles piquantes. Il nous fallait sans cesse tenir nos chevaux en bride, pour les empêcher de s'y frotter, ce qui n'était pas très-agréable pour le cavalier. Le soleil était dans tout son éclat, et la chaleur déjà accablante; d'ailleurs le ciel bleu et l'air calme.

Mais derrière ce chemin creux, les montagnes s'accrurent prodigieusement. Pendant une couple d'heures, nous ne cessâmes de monter. L'air devint froid et rude; les nuages s'abaissèrent, et un épais brouillard nous couvrit de son humidité; pas la moindre variation qui pût récréer la vue; tout allait plutôt en s'empîrant à mesure que nous avancions. Cependant mon fidèle Tite-Live soutenait mes espérances ; car je savais qu'une des plus belles vues de la Grèce, celle de Thaumastos, nous attendait, ne pouvant douter que nous ne nous trouvassions dans le passage qu'il nomme Céla. « Thaumastos est situé très-« haut par rapport à ceux qui, du golfe « de Malée, suivent la route de Lamia. « Il domine la sortie de cette gorge que « l'on nomme Céla. De sorte que celui « qui, après avoir traversé cette partie « âpre et montueuse de la Thessalie, ses « sentiers tortueux, et les sinuosités de « ses vallons, s'approche de la ville de « Thaumastos, voit s'ouvrir devant lui « une plaine immense, semblable à une « vaste mer, et dont l'œil peut à peine « mesurer l'étendue et apercevoir les bor-« nes. C'est de ce miracle que la ville a « tiré son nom. » *Tite-Live, déc. x, liv. II.*

On sait déjà, par ce que j'ai dit, que nos chevaux n'étaient rien moins que des éléphans ; mais nous n'eussions peut-être pas mal fait de les traiter comme le consul Quintus Martius traita les siens à son entrée dans la Macédoine ; car le cheval de bagage qui était en avant, ayant glissé tout-à-coup dans un sentier étroit, tomba dans une profondeur d'environ vingt pieds, où peu s'en fallut qu'il n'entraînât son chirugi. Ce fut sa charge qui le protégea en quelque sorte, et l'empêcha de se briser tous les os : il ne laissa cependant pas d'être très-maltraité et écorché de toutes parts ; et ce ne fut qu'avec assez de peine, et une grande perte de tems, que nous parvînmes à le remettre sur pied. Il fallut en outre faire une répartition de la charge qu'il était hors d'état de porter, ce qui ne contribua pas à accélérer notre marche. Enfin, au bout d'environ cinq heures d'une route très-désagréable, nous atteignîmes des contrées plus riantes. Nous n'avions rencontré qu'un seul Grec, et une femme turque de classe commune, voyageant à cheval avec son mari : mais elle ne voulut pas nous donner le plaisir de la considérer, et s'écarta assez loin de nous.

Parvenus dans la plaine, nous retrouvâmes le beau tems, mais un soleil fort piquant. Cette plaine est plantée de superbes vignes; l'on aperçoit aussi d'espace en espace quelques oliviers et autres arbres, sur-tout beaucoup de champs de riz. De côté, à une assez grande distance, on voyait des villages et des habitations, et devant nous une petite rivière d'une eau très-limpide, qui semblait nous inviter à faire halte et à déjeûner sur ses bords; car nous nous étions munis de pain, de vin et de fromage : mais je ne me sentais pas encore assez d'appétit pour un aussi frugal repas; et comme d'ailleurs nous avions perdu beaucoup de tems, nous résolûmes de continuer notre marche. Mais à peine eûmes-nous fait trois quarts de lieue, et perdu de vue les habitations qui nous offraient un asile, que le ciel s'obscurcit tout-à-coup. Nos domestiques se hâtèrent de mettre le firman à l'abri de l'humidité, en le plaçant au fond d'un petit coffre. J'enviai un Tartare qui passa à côté de nous au grand galop, tandis que notre bagage et notre cheval écorché rendaient notre marche si lente. L'orage ne tarda pas à éclater. Nous commençâmes par être assaillis d'une grêle qui, en un instant, au travers de nos gants, nous mit les mains presque en sang. Un tonnerre affreux, répété par l'écho des montagnes, se mit bientôt de la partie. Nos chevaux, loin d'avancer, pouvaient à peine se tenir sur leurs jambes. Mon bon Antonio, qui d'ailleurs n'était pas aussi poltron qu'un valet de comédie, et qui, bien que Sicilien, n'invoquait pas très-fréquemment les saints, crut que, pour cette fois, il n'avait rien de mieux à faire que de recourir à leur protection, et à chaque redoublement, il invoquait le nom de sainte Barbe.

Cependant la pluie tombait avec une telle abondance que, dans l'espace d'une demi-heure, pendant laquelle nous avançâmes à peine de quelques pas, un lit de rivière très-large, que de loin nous avions vu entièrement à sec, se remplit par les torrens des montagnes, qui, se précipitant avec violence, entraînaient dans leur chute des pierres, des branches, et même de petits arbres. Nous voulûmes passer néanmoins, ne pouvant nous figurer qu'en un aussi court intervalle, l'eau pût déjà être très-profonde ; mais un vieux berger albanais, qui s'était réfugié sous un arbre, nous cria que nous péririons infailliment, si nous n'attendions que la pluie eût diminué et que l'eau se fût écoulée. Il nous fallut donc attendre, percés jusqu'aux os, et les membres glacés de ce froid qui avait succédé immédiatement à la plus grande chaleur. Enfin, l'horizon commença à s'éclaircir, le torrent s'écoula et nous permit le passage, et nous eûmes l'espoir d'une soirée qui nous dédommagerait des fatigues de cette pénible journée. Nous passâmes plusieurs gorges, toujours descendant. Au bout d'une demi-heure, nous découvrîmes sur notre chemin, et au bord d'une rivière que nous avions sur notre gauche, une petite maison entre des platanes, et devant cette maison cinq à six Turcs albanais, armés jusqu'aux dents. C'était un de ces *dervends*, mot qui signifie en persan, porte fermée, défilé très-étroit, où l'on établit des corps-de-garde, soit pour la sûreté des voyageurs, soit pour percevoir des rajahs le droit de péage, quelquefois aussi pour extorquer de l'argent. Quant à ce qui regarde la sûreté des voyageurs, ils remplissent cette obligation à-peu-près aussi scrupuleusement que le respectable corps des sbirres à Rome, qui a la réputation de n'admettre personne parmi ses membres, qui ne se soit signalé par quelque meurtre, ou du moins par quelque vol éclatant. Nous nous approchâmes cependant de ce dervend en toute confiance, nous attendant à en être traités comme dans l'Asie Mineure, où les postes sont occupés par de braves janissaires, qui, moyennant quelques parahs, sont très-polis envers les voyageurs, et les régalent mêmede café. J'avoue au reste que ce qui nous était arrivé au corps-de-garde de Larisse, et ce que nous avions déjà appris de l'état de la Thessalie, aurait bien pu nous ôter une partie de notre sécurité [1].

Quoi qu'il en soit, lorsque nous fûmes arrivés près des Albanais, et comme nous nous préparions à passer outre, l'un d'eux nous cria d'arrêter et nous demanda un droit de péage. Nous ne manquâmes pas de répondre que des Francs ne se nommaient ainsi, que par cela même qu'ils ne payaient point les taxes auxquels les Grecs et rajahs (sujets) étaient soumis; que nous étions munis d'un firman du Grand-Seigneur, et que nous ne consentirions point

[1] *Voyez* à la fin de la 2.e partie, le *Voyage de Négrepont en Thessalie.*

à ce qu'ils demandaient de nous. Mais eux le prenant sur un ton plus haut, nous dirent qu'ils ne s'inquiétaient guère des ordres du Grand-Seigneur, qu'ils étaient sous ceux d'Ali-Pacha, et qu'au surplus ils voulaient voir nos firmans. Je prévoyais bien qu'il nous servirait peu de les montrer, parce qu'il est très-rare que les Arnautes entendent et sur-tout lisent le turc; néanmoins nous les satisfîmes, et ce fut une assez grande affaire que de déballer notre passeport. Au lieu de se laisser imposer par le nom du Padischa qu'on voit sur tous les firmans, et de le porter respectueusement au front, comme c'est la coutume, ils déclarèrent que ce chiffon ne valait rien, s'il ne s'y trouvait un *boujourti* (ordre) du pacha de Janina. Nous soutînmes le contraire; la querelle s'échauffa, et ils en vinrent à nous déclarer que ce qu'ils avaient prétendu d'abord était très-peu de chose, mais que maintenant ils ne se contenteraient pas à moins de cent piastres.

Heureusement que tout ce colloque avait lieu par le canal de l'interprète. Giovani de Tine, le mien, n'était rien moins que timide. Ayant été auparavant au service de lord Elgin, qui applanissait tout à la faveur de son caractère ministériel, une partie de l'assurance du ministre était passée à son dragoman. Je feignis de ne pas comprendre la suite de la dispute, jusqu'à ce qu'enfin j'entendis que nos adversaires délibéraient entr'eux si le plus court ne serait pas de nous pendre au premier arbre. Comme je leur en voyais la pleine puissance entre les mains, et que je ne me sentais pas très-touché de la gloire de mourir martyr des droits des Francs, je pensai à m'en tirer par la capitulation la plus honorable que je pourrais, et leur fis proposer, comme pour ne pas subir un plus long retard, de leur payer dix piastres, *salvo jure*. Du moment qu'il fut question d'argent, leur physionomie rebutante prit une teinte un peu moins farouche; et comme ils remarquèrent que nous ne nous laissions pas imposer jusqu'à un certain point, l'accord se conclut définitivement à quinze piastres.

La chaleur de la dispute nous avait bien fait monter le feu au visage; mais nous avions les jambes engourdies de froid, nos habits étant encore trempés et nos bottes pleines d'eau; de sorte que pour tâcher de nous réchauffer, nous poursuivîmes notre chemin à pied, et atteignîmes enfin le sommet d'une colline d'où Zeitoun se présenta à nous. Mais, ô douleur! nous n'étions pas encore descendus jusqu'à la plaine, que nous aperçûmes un second dervend qui menaçait de nouveau de nous mettre à contribution. Cette fois cependant on écouta plus tranquillement notre réplique, et nous nous sentions aussi trop épuisés pour recommencer une nouvelle lutte. Un vieux Turc compta avec beaucoup d'attention l'argent que nous lui mîmes en main, nous nomma le montant de la somme qu'il recevait, et nous assura que le commandant de Zeitoun nous ferait tout remettre, si le droit était de notre côté.

Nous arrivâmes à nuit close, et fîmes appeler sur-le-champ le vice-consul de tous les Francs, M. Coitan, médecin, à qui nous racontâmes notre aventure. Il nous dit que dans une occasion semblable, un Anglais qui était mieux armé que nous, avait voulu faire feu de son espingole, que par bonheur le coup n'était pas parti, et qu'il avait reçu du secours à tems, sans quoi il eût été mis en pièces par les Arnautes. Le lendemain, M. Coitan porta plainte de notre part au gouverneur, et on nous fit rembourser le dernier argent qui nous avait été extorqué. Quant à la première extorsion, ce n'eût été qu'à Janina même que nous eussions pu la faire redresser. Ayant eu occasion, quelques mois ensuite, de raconter cette histoire à Ali-Visir, il me répondit d'un très-grand sang-froid, que nous eussions dû casser la tête à ces chiens. Je présumai d'abord que cet accident ne nous était arrivé que parce que nous n'avions point de Tartare avec nous; mais milord Aberdeen, qui était accompagné d'un très-brave Tartare, avait eu une aventure pareille entre Zeitoun et Lébadée, et l'on avait été même jusqu'à les coucher en joue.

Le chan de Zeitoun était construit à neuf, et nous appréciâmes l'avantage de pouvoir du moins poser nos tapis et nos coussins humides sur des planches qui n'étaient point pourries. Nous ne trouvâmes d'ailleurs à manger que des figues sèches, un peu de pain, des oignons et du fromage. Comme il était dit que nous n'aurions pas un instant de repos, des Grecs dont nous n'étions séparés que par une cloison, passèrent toute la nuit à danser la roméca, et à hurler des chansons à boire ; et ce ne fut que vers le matin, qu'épuisés de fatigue, nous prîmes enfin quelque sommeil.

Dans la Morée, où je voyageai aux mois d'octobre et de novembre, dans la société de lord Aberdeen, nous eûmes souvent le désagrément de marcher des journées entières par la plus forte pluie. Le matin de bonne heure, nous relevions les jambes, quand nos chevaux devaient passer par des rivières débordées ; mais au bout d'une couple d'heures, nous ne faisions plus même attention que nos bottes se remplissaient d'eau.

Pour échapper aux maladies dans le Levant, il faut avoir non-seulement une forte santé, mais même beaucoup de souplesse dans le tempérament. Certainement qu'à l'aide d'une grande dépense de tems et d'argent, et de fort longs préparatifs, on peut venir à bout de s'épargner beaucoup de désagrémens, si l'on voyage précisément dans la plus belle saison de l'année ; car de tems en tems l'on trouve des villes plus considérables ou situées près de la mer, dans lesquelles on a les moyens de s'approvisionner. Mais en général on ne trouve en Grèce que très-peu de vivres. Le mouton et le poulet y sont les viandes les plus communes ; l'huile y prend la place du beurre, car celui dont on se sert pour le pilau est très-fort, et il est presque impossible d'en manger ; le riz est aussi fort commun, et en fait de légumes, avant tout, la cucuzze, sorte de citrouille qui a la forme du concombre. On y trouve en outre, mais seulement dans la saison qui leur est propre, des œufs, du miel, des figues sèches, et les nombreuses espèces de fruits des climats chauds, tels que des figues, du raisin, des grenades, des oranges, et aussi des pommes ; rarement des cerises, des prunes et des poires ; jamais de framboises ni de groseilles.

Malgré leur petit nombre de mets principaux, la cuisine turque et grecque, dans les maisons des gens aisés, ne laisse pas que d'avoir son art, et même d'être fort composée. Tout y est chargé d'épices et de graisse, et se reproduit sans cesse sous des formes différentes. Le riz paraît jusqu'à six fois sur la même table ; tantôt en pilau, tantôt dans des feuilles de vigne, tantôt en pâtisserie ; le mouton, tantôt à la sauce brune, tantôt à la sauce blanche. Rarement on voit sur leurs tables une pièce solide, une pièce entière de viande. Tout est haché en petits morceaux, tout est ramolli par la préparation ; ce qui convient parfaitement à leur manière de manger, ne se servant ni de couteau ni de fourchettes. Si par hasard ils viennent à s'en servir quelquefois pour plaire aux Européens, ils s'oublient à chaque instant et y substituent de nouveau les doigts ; ceux même qui sembleraient avoir reçu une meilleure éducation. Pour des tables, on sait que proprement il n'y en a point dans le Levant, si ce n'est que par très-grand hasard il en arrive une de tems en tems de l'Europe. L'on y écrit même sur les genoux. Il n'y a point de chaises non plus ; on se repose sur les canapés qui font tout le tour de la chambre.

Quand il s'agit de dîner, voici comment on prépare le service. L'heure venue, un domestique apporte un petit tabouret que l'on pose dans un coin, renversé de manière que les pieds soient en haut. Ensuite on apporte une plaque ronde de fer-blanc ou d'étain (discos), que l'on pose sur le tabouret, et voilà la table. A-t-on la distraction de s'y appuyer un instant, on court grand risque de renverser tout l'échafaudage. Ceci s'élève d'environ un pied au-dessus de terre; et de la manière dont on est assis, on ne peut arriver que très-précisément jusqu'aux plats. Il faut bien aussi nécessairement croiser les jambes, sous peine, si l'on veut les étendre de côté, de se disloquer les vertèbres du cou. On pose ensuite des coussins tout à l'entour, et chacun s'établit. Le domestique apporte une nappe longue et étroite, semblable à un essuie-main, qu'il pose autour de la table, et dont chacun s'approprie la partie qui lui fait face. Alors on présente du pain coupé en petits morceaux, à-peu-près comme chez nous on le prépare pour les enfans; chacun prend vingt ou trente de ces morceaux, qu'on pose devant soi, et qui servent en même tems d'assiette et aussi pour s'essuyer les doigts. Ensuite paraissent les plats, que l'on apporte un à un, dans des écuelles de terre, presque toujours sans cuillère, même lorsqu'il y a de la sauce, dans laquelle on trempe seulement le pain. Chacun porte la main au plat, et en tire les morceaux qui lui conviennent. Le plus plaisant, c'est quand on sert une volaille. Quoique d'ordinaire elle soit cuite au point de tomber en pièces, il faut cependant encore quelque habitude et un peu d'exercice pour la défaire avec les doigts; et ils tournent et retournent si singulièrement les ailes et les cuisses pour les faire sortir de leurs jointures, que je n'ai jamais pu m'empêcher de rire en voyant cette opération. Le pilau paraît le dernier; on le mange d'ordinaire avec des cuillères de bois ou de corne; mais j'ai vu aussi plusieurs fois qu'on le portait à la bouche avec le pouce et les deux premiers doigts. A Ayasolouk (l'ancienne Ephèse), l'aga nous invita chez lui et nous fit souper, M. Usko, M. Meyer, M. Gropius et moi, dans la chambre de son khavidji, qui est celui qui lui présente le café. Lorsqu'entre autres choses on servit le miel, un Turc s'approcha de notre table et porta la main à ce plat, sans s'inquiéter si cela nous convenait. Il ne faut pas que les gens délicats et gourmets s'avisent de voyager dans ce pays; les vins surtout ne les accommoderaient pas, et ils ont en Grèce un goût de résine qui les rend insupportables. Mais le palais s'accoutume à tout; et M. Fauvel, consul de France à Athènes, m'a assuré que dans son dernier séjour à Constantinople, la cuisine française des ambassadeurs lui paraissait extrêmement fade. Les Turcs ont, au reste, quelques espèces de confitures, et des plats doux au miel et à la farine, auxquels ils donnent le nom de *chalva* (doux), qu'ils ne laissent pas d'accommoder assez bien. Je n'ai pas besoin de rappeler qu'on vit parfaitement bien à Constantinople et à Smyrne. Dans les maisons des Francs à Péra, tout est à l'européenne, et la terre et la mer concourent à l'envi à fournir en abondance aux besoins ainsi qu'aux agrémens de la vie. On n'aurait à se plaindre de rien, si l'on n'y était dans une crainte perpétuelle de la peste.

La seule mesure que l'on puisse prendre contre ce fléau, est de se garantir, autant qu'il est possible, du contact immédiat de personnes étrangères. Du moment que l'on prévoit qu'on aura occasion de se trouver dans une foule, le mieux est de prendre avec soi un jassakchi qui fera faire un peu de place. Quant à moi, je n'ai trouvé rien de plus sûr que de porter un ample manteau à manche, que l'on laisse tomber, sans avoir besoin d'y mettre la main, du moment que l'on rentre chez soi. Dans beaucoup de maisons de Péra, l'on a dans des lieux bien aérés, des cordes auxquelles on pend ces manteaux. Si l'on rencontre un convoi, on tâche de se mettre au-dessus du vent. Mais il faut bien se garder, dans les rues, de donner des marques de son inquiétude; les Turcs qui la trouvent exagérée, ou même chimérique, se donnent volontiers le petit passe-tems de se frotter contre ceux qui la manifestent.

Au reste, j'observerai pour la consolation de ceux qui ont une appréhension particulière de cette maladie, qu'on a commencé dans plusieurs îles de l'archipel à établir une espèce de quarantaine, qui sans doute n'est pas aussi rigoureusement observée qu'elle devrait l'être, vu que le gouvernement ne s'en mêle pas. Quant aux îles où les Turcs font une partie de la population, il faut s'en reposer sur la Providence. C'est ainsi, par exemple, qu'à Chio, lorsque j'y arrivai, la peste régnait depuis plusieurs mois. Quelques années auparavant elle avait enlevé à Cos près de trois mille hommes; ce qui faisait qu'à l'île de Samos, qui en est très-voisine, on paraissait fort inquiet, et qu'on y avait placé des sentinelles qui ne laissaient entrer personne dans la ville sans la permission du primat.

Pendant mon séjour à Tine, il y arriva un vaisseau de Constantinople qui, outre beaucoup de Tiniotes, avait à bord quatre voyageurs Francs, MM. John Gibsone, de Danzig, George Coresti, de Zante, Bourgoing, ci-devant attaché à la légation française à Saint-Pétersbourg, et Thomson, de l'Amérique septentrionale. Le capitaine de leur sacca-leva avait eu l'imprudence de prendre à son bord un vieillard de soixante-dix ans, malade, qui mourut dans ce trajet de cinq jours. Aussitôt on interdit à Tine toute communication avec le vaisseau, sur lequel on mit une garde; et quant aux voyageurs Francs, ils furent établis par leurs consuls respectifs dans une maison inhabitée avec un petit jardin, non loin de la marine. Comme j'étais très-convaincu du bon état de leur santé, je les pris sur notre martigane quand je mis à la voile, et les transportai à Athènes.

Si, comme je l'ai dit, on a fort à se plaindre de la nourriture et de la boisson dans les voyages du Levant, on n'a pas plus à se louer du logement. C'est ainsi qu'entre Smyrne et Ephèse, nous fûmes obligés de passer la nuit dans un café, si peu à l'abri des intempéries de l'air, que nous eûmes grand'peine à nous établir dans une place où il ne plût pas. Nous avions pour pièce contiguë une écurie sans porte, et quelquefois les chameaux avançaient familièrement la tête dans notre chambre. A Mavromati, autrefois Messène, et maintenant un misérable village, on nous logea dans une petite tour abandonnée, où les poutres étaient si pourries qu'il fallait beaucoup de précautions pour ne pas les faire écrouler avec nous.

Encore doit-on s'estimer heureux de pouvoir se gîter dans un chan en ruines, où du moins l'on soit à l'abri des officieuses importunités. L'hospitalité des Grecs est peut-être ce qu'il y a de plus insupportable en Grèce. Du nord au midi, de l'est à l'ouest, en Attique, à Sparte, en Arcadie, en Epire ou à Argos, par-tout c'est le même entretien, par-tout les mêmes questions et les mêmes observations. Les femmes ne paraissent que très rarement, et si même cela arrive, on n'y gagne pas grand'chose. Ce sont toujours des exclamations de surprise sur la longueur du voyage ; et leur réponse à tout, c'est kala! (bien!) pollakala! (fort bien!) On ne peut en tirer autre chose.

On peut réellement compter parmi les circonstances les plus désagréables des voyages du Levant, celle d'être si souvent contraint de loger chez les primats grecs. Il est permis de le dire sans crainte de manquer à la reconnaissance, puisqu'ils n'ont la plupart du tems que leur intérêt en vue, et laissent voir très-clairement leur mécontentement, lorsque le présent d'adieu ne leur paraît pas assez considérable. Il faut convenir en même tems que beaucoup de voyageurs semblent se faire un plaisir de les y contraindre, et d'étouffer jusqu'aux dehors d'une hospitalité désintéressée, en recevant l'accueil qu'on leur fait comme un devoir qu'on remplit envers eux, et en traitant le maître de la maison comme on pourrait tout au plus se permettre de traiter un de ses domestiques. Les Anglais surtout sont à cet égard d'une dureté insupportable ; et il n'y a qu'une sorte de lâcheté et de timidité, suite naturelle de l'habitude constante des mauvais traitemens, qui puissent engager les Grecs à en supporter patiemment un pareil. J'en ai rencontré un dans mes voyages, qui tenait souvent à nos hôtes grecs les propos les plus désagréables et les plus humilians. Si par exemple ils venaient à se plaindre du joug des Turcs, il ne manquait pas de leur dire « que cette « constitution était très-convenable à l'An- « gleterre, et qu'elle devait faire tous ses « efforts pour la maintenir, puisque les « Musulmans étaient ses fidèles amis. » Car ils ne voient que l'Angleterre et toujours l'Angleterre !

Il est rare aussi qu'on se donne la peine de se munir de recommandation pour les primats des petits endroits. Voici comme notre Tartare, Latif-Aga, s'y prenait ordinairement dans la Morée. Il connaissait d'avance les meilleures maisons, et s'y rendait en arrivant, pour annoncer à l'hôte que le pacha de Morée l'avait chargé d'escorter des étrangers qu'il devait accueillir et traiter de son mieux. L'hôte ne paraissait-il pas très-disposé à le satisfaire, il en venait aussitôt aux invectives et aux menaces. Une fois à Nisi, que nous nous étions plaints avec raison de la mauvaise volonté d'un Grec que nous avions très-bien payé, il devint si furieux, que peu s'en fallut qu'il ne le corrigeât avec son fouet. Dans sa rage il saisit une couverture de lit qu'il déchira avec les dents. Souvent en voyage il ordonnait aux Grecs que nous rencontrions, de descendre de cheval jusqu'à ce que nous eussions passé ; et pour que cela n'eût pas lieu, il fallait que nous l'en priassions bien instamment.

Quant à moi, je préfère en vérité à ces scènes désagréables, mon chan enfumé entre Tripolitza et Sparte, où il fallait nous étendre sur le plancher, pour ne pas étouffer ; ou bien une maison isolée dans laquelle nous logeâmes une nuit, entre Coron et Navarin, dans le village de Glissara. Il y avait un tas de blé dans notre chambre à coucher ; mais cette sorte d'insectes qui s'établit dans les grains, n'est sans doute pas exclusivement au régime des végétaux, car ils nous mirent dans un état vraiment déplorable. En général les insectes sont, dans le Levant, un tourment particulier pour les voyageurs, et la Grèce et ses sofas en fourmillent à un degré qui passe quelquefois toute croyance. Nulle part les punaises ne se montrent aussi incommodes [1]. A Athènes, M. Gropius suspendit son lit en forme de hamac; et moi, chaque nuit, je m'établissais dans une nouvelle place. On ne devrait jamais manquer de porter avec soi des rideaux de gaze.

Mais où nous fûmes sur-tout dévorés par les insectes, c'est dans le vaisseau sur lequel nous parcourûmes l'Archipel. Toutes les mesures que nous pûmes imaginer ne vinrent point à bout d'en débarrasser notre chambre, et nous fûmes contraints de passer la plupart des nuits sur le tillac. L'on a encore à se tenir en garde contre des animaux bien plus dangereux, sur-tout lorsque l'on visite les ruines. Il n'est pas rare de trouver des scorpions dans les fentes des pierres; et dans l'île de Sphacteria,

[1] On ne connait point dans le Levant l'usage des bois de lit. On dort sur des canapés, ou sur des coussins que l'on pose à terre. Vu l'extrême malpropreté des chans, on commence d'ordinaire par étendre une natte de paille, sur laquelle on pose ensuite les coussins.

nous en rencontrâmes sur la surface même du rocher. Lorsqu'il a crû des plantes entre les masses de pierre, la fraîcheur de ces cavités invite assez souvent les serpens à y chercher un refuge, et ils s'annoncent quelquefois par une forte odeur de musc.

Pour des bêtes féroces, je n'en ai point vu, si ce n'est une couple de fois, des schakals dans l'Asie mineure. Il en partit un fort près de moi dans le temple d'Apollon Didyméen, mais qui prit aussitôt la fuite. De jour, et lorsqu'ils ne sont pas en troupe, il est rare qu'ils attaquent les hommes; mais la nuit ils poussent des hurlemens effrayans. J'en entendis tout un troupeau à Deirmangek, à une lieue et demie de Prienne. Les gens du pays croient leur imposer silence si, avant de se coucher, ils posent devant leur lit leurs pantoufles renversées.

Je n'ai jamais été obligé de prendre le costume turc; cela n'est nécessaire que pour ceux qui voyagent en Egypte, en Arabie, en Perse et dans la Judée, où l'on est moins accoutumé à l'habit européen, encore ceci a-t-il subi beaucoup de changemens depuis la dernière guerre avec les

Français. En général, les voyages dans le Levant ne peuvent manquer de devenir de plus en plus commodes, et il est à présumer que l'idée viendra bientôt à quelque spéculateur étranger ou indigène, d'y établir de meilleures auberges. Mais ce qui n'arrivera pas de sitôt, et ne pourra guère avoir lieu tant que ces pays seront sous la domination turque, c'est qu'on y ait des routes de voiture. Le nombre des voyageurs s'est prodigieusement accru depuis les vingt, et même depuis les dix dernières années. Les voyages en Europe ont perdu presque tout leur prix pour ceux qui veulent avoir quelque avantage sur le commun des voyageurs, et la Sicile même est déjà pour ceux-ci un pays trop fréquenté et trop connu.

Après avoir donné quelques détails sur la manière de voyager sur le continent, j'y ajouterai un mot sur la manière de voyager dans l'Archipel.

L'on trouve quelquefois à Smyrne et à Constantinople, des bâtimens et sur-tout anglais, qui n'étant point frétés pour le retour, ou du moins ne l'étant pas suffisamment, sont au service des voyageurs qui désirent naviguer dans l'Archipel. Là on peut s'arranger avec toute la commodité possible ; et comme ce qu'il y a de remarquable dans les îles, n'est jamais ou n'est du moins que très-rarement à une demi-journée de distance du rivage, on peut retourner tous les soirs à bord, et y passer la nuit aussi proprement que chez soi. C'est certainement la manière la plus commode et en même tems la plus sûre de faire ce trajet, n'ayant de la sorte rien à craindre des petites chaloupes de pirates qui se tiennent çà et là en embuscade entre les rochers. Mais cela est ordinairement fort cher. Les bâtimens grecs le sont moins ; mais aussi n'y saurait-on compter ni sur les mêmes commodités, ni sur la même propreté.

Quant à moi, voici comment je m'y pris pour mon voyage de l'Archipel. Je frétai dans le port de Smyrne une martigane grecque (bâtiment à un mât) avec six hommes d'équipage. Le bâtiment, ainsi que le patron, étaient de l'île de Lemnos. Sans avoir la moindre idée de la théorie de la navigation, cet homme avait une grande pratique des îles et de leurs ports, ou bien il se faisait décrire verbalement par ses gens les

Martigane Grecque.

entrées et les mouillages. La cajute, qui ne laissait pas d'être spacieuse, était, ainsi que tout le bâtiment, à notre disposition. C'était à nous à pourvoir à notre table et à faire nos provisions; le capitaine ne nous fournissait que l'eau et le feu. Il s'engageait à nous transporter de Smyrne aux îles suivantes : Chio, Samos, Cos, Rhodes, (dont ensuite nous le tînmes quitte), Pathmos, Naxos, Paros et Antiparos, Micoui et Delos, Tenos (Tine), Céos (Zéa), et de là à Athènes. Nous avions le droit de passer un mois sur ces îles; et, comme de raison, c'était à nous que la répartition de ce mois était réservée. Pour le cas où la fantaisie nous prendrait de prolonger notre séjour à terre au-delà de ce terme, nous étions convenus de donner au capitaine dix piastres turques pour chaque jour qui passerait le trentième. Le trajet d'un point à l'autre était à son compte; de sorte que des vents contraires pouvaient réduire son profit à peu de chose; mais il se trouva que le tems que nous passâmes, tant sous voile qu'à bord, dans l'attente des vents, fut également d'un mois. Pour tout cela je payai huit cents piastres turques (environ douze cent trente livres de France), et une gratification volontaire de cinquante piastres à mon arrivée à Athènes. Ce sont là, à mon avis, les contrats les plus avantageux que l'on puisse passer avec les navigateurs grecs de l'Archipel ; car si on les frète au mois, on court risque que, pour augmenter leur profit, ils ne prolongent à dessein la durée du trajet.

Pour ceux qui ne craignent pas une grande perte de tems, et à qui il est indifférent dans quel ordre ils visiteront les îles et dans quelle société ils feront le trajet, il est des occasions sans nombre de passer à très-peu de frais de l'une à l'autre.

Plus les bâtimens sont grands, plus on a pendant l'été à souffrir des vents de nord, qui ne sont interrompus que la nuit par des calmes, tellement qu'il ne reste alors rien de mieux à faire que de se mettre dans des chaloupes et d'aller à la rame, aidé des plus légers vents de terre. C'est de cette manière que, laissant mon bâtiment à Naxos, je me rendis un soir dans une chaloupe à Paros, traversant le canal, dont la largeur est de huit lieues marines au plus. Nous arrivâmes heureusement ; mais pendant deux jours la tramontane ne cessa d'exercer sa furie, et le troisième jour encore il ne nous fut pas possible de nous remettre en route. Nous couchâmes dans une chapelle au port de Sainte-Marie, ordonnant à nos quatre rameurs de nous éveiller dès l'instant que la mer paraîtrait se calmer. Je m'éveillai de moi-même vers les quatre heures du matin, et il me parut que le vent de nord avait diminué. Les Grecs soutinrent le contraire; j'insistai, et nous partîmes. Mais à peine avions-nous perdu l'abri que le port nous donnait, que le vent nous assaillit avec une nouvelle fureur. La tempête s'accrut avec le coucher du soleil; les vagues s'élevaient à une telle hauteur, qu'elles nous cachaient les montagnes des deux îles entre lesquelles nous nous trouvions. Quelquefois, s'amoncelant contre notre frêle embarcation, elles nous mettaient dans le plus grand danger de chavirer. Nous étions tout couverts d'écume et de sel marin. Enfin une vague s'élança pardessus le bord, et nous nous trouvâmes dans l'eau jusqu'à mi-corps. Une seule de plus et c'était fait de nous. Les bateliers commencèrent à se disputer; les uns voulant garder la direction, les autres soutenant qu'il fallait céder au vent. Pendant cette querelle, l'écoute leur échappa des mains ; alors ils perdirent presque tout espoir, et mon entêtement, dont ils se croyaient sur le point d'être la victime, me valut de leur part quelques expressions qui n'étaient pas des plus tendres. Mon domestique accumulait vœux sur vœux à saint Nicolas. Cependant nous en fûmes quittes pour la peur, et finîmes par gagner à tems le port; mais des bergers de Paros, qui nous avaient vus partir et bientôt disparaître dans les flots, répandirent à Parecchia et à Nausa la nouvelle de notre naufrage; de sorte que, quelques jours après ayant débarqué à Tine, lieu de naissance de mon domestique, nous trouvâmes sa femme en deuil. Elle avait déjà fait dire des messes pour le salut de l'ame de son mari, et crut voir son esprit quand il parut à la porte.

Par une tramontane qui n'était cependant pas aussi forte, je me rendis de Micoui à Délos; mais les matelots de Micoui étaient plus avisés et plus adroits; ils esquivaient les vagues, et trouvaient moyen de parer presque entièrement la violence de leur choc.

La Grèce et le Levant seront certainement désormais le premier but de cette classe de voyageurs qui ont l'ambition de se distinguer du commun, et Corfou et les Sept-Iles leur serviront de préparation et de point de départ. Déjà ces pays sont plus fréquemment visités que ne l'étaient, il y a soixante ans, la vallée de Chamouni et les glaciers de la Savoie. Le vieux Pacard, dont le nom est connu par la Claudine de Florian, et qui me servit de guide sur le Montanvert, me raconta qu'étant encore petit garçon, il avait accompagné les premiers Anglais qui avaient tenté ce voyage, et qu'ils s'étaient munis d'armes et de tentes, parce qu'ils se représentaient les habitans de cette vallée comme des demi-sauvages; tandis que, de leur côté, les bergers épouvantés avaient pris la fuite. Et cependant vingt ans plus tard, on comptait déjà dans le prieuré et à Salenches, des milliers de voyageurs de toutes les nations. Ici comme par-tout, la mode a son influence, et l'on trouve certainement en Grèce assez d'objets curieux et attrayans, pour balancer l'intérêt qu'offrent la mer de glace et les grottes de cristal d'où jaillissent les sources de l'Aveiron.

Je n'ai pas besoin de dire que ce sont en grande partie des Anglais qui jusqu'ici ont visité ces contrées, et qu'il en viendra un beaucoup plus grand nombre encore. Leur éducation les y porte et les y prépare plus que tous les autres. Le titre de *milordo* est devenu, dans le Levant, une qualification générale que l'on applique à tout ce qui n'est ni marchand, ni médecin. J'ai entendu parler de milordis hollandais et suédois; moi-même j'en étais un prussien; et j'ai vu à Patras un certain Achmet qui écorchait quelques langues européennes, et que pour cela on nommait quelquefois un milordo turc. Au reste, il ne peut manquer d'être agréable aux Anglais de se voir préférés ici à toutes les autres nations. Ils jouissent en ce moment parmi les Turcs d'un très-haut degré de confiance; on a même accordé à quelques-uns d'entr'eux, par une faveur spéciale, la permission opiniâtrément refusée à tout le monde, de visiter le marché des esclaves blanches.

Après les Anglais, ce sont les Russes

qui visitent le plus fréquemment la Grèce. Unis aux Grecs par une même croyance, redoutés des Musulmans par les victoires qu'ils ont remportées sur eux, ils parcourent les possessions turques, comme des seigneurs de terres visitent des fermiers dont le bail approche de son expiration. Une quantité de prophéties anciennes et nouvelles les annoncent comme des maîtres futurs aux Musulmans intimidés, et l'on voit à Constantinople des personnes dévotes qui ordonnent qu'après leur mort, leur dépouille soit transportée en Asie, de l'autre côté du Bosphore, afin qu'elle ne repose pas par la suite dans le sein d'une terre infidèle.

Sans doute qu'en Grèce aujourd'hui il ne faut chercher que la Grèce même, et qu'on ne peut y être attiré, comme en Italie, ni par les trésors modernes de l'art, ni par l'attrait des diverses jouissances de la vie. « Il ne nous reste, » comme dit Winkelmann à la fin de son Histoire de l'art, « qu'une ombre de ce qui fait l'objet de « nos desirs; mais nous n'en aspirons que « plus ardemment à recouvrer ce qui s'est « perdu.... Nous sommes des héritiers mal

« partagés; mais nous retournons chaque « pierre, et nos recherches nous mènent « du moins à des probabilités qui appro- « chent de la certitude, et qui peuvent de- « venir plus instructives que les renseigne- « mens que nous ont transmis les anciens ; « renseignemens qui, à quelques indications « près, ne sont guère que purement histori- « ques.» Tout voyageur doit s'imprimer fortement dans l'esprit ce passage de Winkelmann, pour le cas où il serait tenté de prendre de l'humeur et de se trouver mal dédommagé de ses peines à la vue des ruines, en apparence insignifiantes, de Delphes, de Délos, d'Olimpie, de Sparte, etc. Il est même très-naturel que la destruction ait plus fortement pesé sur les lieux, à mesure qu'étant plus riches et plus célèbres, ils ont offert à la cupidité des anciens et des modernes plus de motifs de les bouleverser. Athènes seule fait ici une exception; une providence mystérieuse semble avoir veillé sur elle. Elle a conservé une partie de ses chefs-d'œuvre; elle étale encore la richesse de ses monumens de l'art et du goût, et plaise à Dieu que l'incroyable barbarie de lord Elgin n'y ait pas donné le signal d'une destruction totale et universelle [1]. Mais en Béotie, en Phocide, en Doride, à Locre, en Thessalie, à Eubée, en Acarnanie, en Etolie et en Epire, je ne pourrais pas citer un seul ouvrage d'architecture bien conservé, pas même une seule colonne qui soit restée intacte et sur pied.

Le Péloponèse et l'isthme sont, à cet égard, plus dignes de curiosité; et Corynthe, Némée, Mycènes, Messène et Phigalée, sont également intéressans et pour le simple amateur du beau, et pour l'architecte, et pour l'antiquaire. Ce sont aujourd'hui des roses et des violettes à côté desquelles, comme dit Plutarque, un habile jardinier a planté de l'ail et d'autres plantes d'une odeur désagréable, dans l'espoir que

[1] A la faveur de la considération que lui avait donnée son ministère, lord Elgin obtint un firman du Grand-Seigneur, qui l'autorisait à s'approprier en Grèce tous les débris d'architecture antique qu'il trouverait détachés et gissans à terre. C'était beaucoup; mais il alla bien plus loin; et à l'aide de présens qui engagèrent les commandans à fermer les yeux, il fit abattre tout ce qu'il lui convenait d'emporter; et entr'autres, à Athènes, il dépouilla le Parthénon de ses magnifiques bas-reliefs, et généralement de tout ce qu'il avait de plus précieux.

celles-ci attireront à elles les sucs les plus grossiers de la terre.

Mais il est tems, mon cher frère, de terminer cette lettre, qui, je le présume, te trouvera encore à Paris. Adieu. Porte-toi bien.

LETTRES
SUR LA VALLÉE DE TEMPÉ,
ET SUR LES CONTRÉES DE LA GRÈCE.

---

*A la marquise O. M. P***., à Rome.*

Corfou, janvier 1803.

Le chevalier Bénaki m'a remis votre lettre, mon aimable amie, et je me hâte de vous communiquer les renseignemens que vous désirez. Dans ma dernière lettre datée de Patras, j'étais encore indécis sur la route que je prendrais pour retourner en Italie; maintenant je suis fermement résolu de subir la quarantaine à Venise, et de me rendre ensuite à Rome par Ravenne, Lorette, Terni et Narni. Outre que les détails de la quarantaine d'Otrante m'ont épouvanté, il me faudrait alors me séparer dès-ici de milord Aberdeen, à qui les Français accorderaient difficilement le passage à travers la Pouille et la Calabre.

Vous désirez connaître le plutôt possible le jugement que je porte sur les beautés naturelles de cette Grèce tant vantée. Vous voulez que je vous en décrive moi-même quelques-unes des contrées les plus célèbres, et vous me faites l'honneur de supposer que je ne me permettrai pas de licence poétique qui puisse nuire à la vérité de mes descriptions. C'est là un point sur lequel il ne me sera pas difficile de vous contenter. Mais ce qui l'est beaucoup plus, ce qui du moins est fort au-dessus de mes forces, c'est de peindre assez vivement les beautés de la nature avec le seul secours des mots, pour qu'on puisse se les représenter comme si on les avait sous les yeux. C'est là cependant ce que vous me demandez, et j'essaierai de vous satisfaire, dans l'espoir que la difficulté se lèvera en partie par la connaissance que vous avez des peintres de paysage, dont je tirerai plusieurs de mes points de comparaison.

Permettez que je commence par vous décrire la course que j'ai faite dans la vallée de Tempé, un des sites les plus célèbres de l'ancienne Grèce, en y insérant quelques réflexions générales, à mesure que l'occasion s'en présentera, et divisant en plusieurs lettres un sujet qui serait trop abondant pour une seule.

La beauté de cette vallée est si bien établie, que le nom de Tempé est devenu une dénomination générale pour exprimer tout ce qu'une vallée peut offrir de plus délicieux. Sa maison de plaisance, Horace la nommait son Tempé; et Cicéron écrit à Atticus [1], que les Réatins, (aujourd'hui les habitans de Terni), l'ont mené dans leur Tempé. C'était aussi le séjour favori des Nymphes; et Théocrite dit dans son Elégie sur la mort de Daphnis: « Où étiez-vous, ô Nymphes! où « étiez-vous donc, tandis que les jours de « Daphnis se consumaient? Etiez-vous loin « d'ici dans cette vallée de Tempé qui vous « est si chère, ou sur le Pinde? »

Il ne sera pas sans intérêt d'essayer d'abord de reconnaître quel est proprement le caractère des contrées que les anciens désignaient sous le nom de *Tempé*.

Les épithètes dont nous pouvons nous servir pour nous orienter dans cette re-

[1] Livre IV, lettre XIV.

cherche, sont sans nombre. J'en citerai quelques-unes au hasard : c'est ainsi que Lucain dit, (I, 8) : *nemorosa ;* Sénèque, Troad. (815), *opaca ;* Statius, (VI, 88) : *umbrosa* et *tenebrosa ;* Catulle, *viridantia*, etc. D'après ces désignations : *couverte de bois*, *obscure*, *ombragée*, *verdoyante*, *ténébreuse*, on serait tenté de n'entendre qu'un vallon resserré entre des montagnes. Mais d'après les quatre descriptions les plus détaillées qui soient parvenues jusqu'à nous, il est hors de doute que pendant que les uns ne comprenaient sous ce nom que les gorges qui séparent l'Olympe de l'Ossa, les autres lui donnaient une acception moins limitée, l'étendant jusqu'à une lieue de Baba et à l'embouchure du Pénée. Voici ces quatre descriptions :

« Cette Tempé est une contrée située entre l'Olympe et l'Ossa, montagnes d'une très-grande hauteur. Elles embrassent un espace dont la longueur est de quarante stades (quatre milles d'Italie), et la largeur, d'un plèthre (environ cent pieds) en quelques endroits, et en d'autres aussi d'un peu plus. Au milieu coule le Pénée, dont plusieurs rivières viennent grossir les eaux. Cette contrée offre une quantité de lieux de repos agréables et variés, que la nature seule a pris soin de former, sans que l'art y ait eu la moindre part.

« Le lierre au sarment laineux y verdit et s'y enlace autour des tiges les plus élevées; et des ifs croissent en abondance au haut de la montagne, ombrageant et recouvrant tout le roc, de sorte que par-tout l'œil ne rencontre que verdure, ce qui offre un aspect des plus rians; tandis que dans la plaine et dans les vallons, de nombreux bosquets et des promenades variées, mais se joignant immédiatement l'une à l'autre, assurent au voyageur, dans les ardeurs de l'été, l'ombrage le plus frais et l'asile le plus délicieux. Une quantité de ruisseaux traversent la campagne, et des sources sans nombre font jaillir une eau pure et très-agréable à boire. Des milliers d'oiseaux, et sur-tout de ceux qui se distinguent par la mélodie de leur chant, y font sans cesse entendre leur ramage, et charmant l'oreille du voyageur, lui font oublier les fatigues de sa marche. C'est aux deux côtés du fleuve que se trouvent ces promenades et ces lieux de repos dont nous venons de parler. Paisible et douce comme de l'huile, son onde coule au milieu de ce vallon enchanté. Suffisamment protégé par les branches pendantes des arbres qui ornent ses rives, il est durant la plus grande partie du jour à l'abri des rayons du soleil, et offre une ombre toujours fraîche au nautonier qui vogue sur ses eaux . . . .

. . . .

« C'est ici, si l'on en croit les Thessaliens, que, sur l'ordre de Jupiter, Apollon se purifia, après avoir tué le serpent Pithon qui protégeait l'oracle de Delphes, alors possédé par Tellus. Le fils de Jupiter et de Latone orna ensuite ses tempes du laurier de Tempé, prit une branche de ce même laurier dans sa main droite, et se rendit maître de l'oracle. Ils ont aussi dressé un autel sur la place où le dieu se couronna, et tous les neuf ans les Delphiens y envoient un certain nombre de jeunes garçons d'une naissance distinguée, avec un architéore. Lorsqu'ils y sont arrivés, ils offrent un sacrifice solemnel, font ensuite des guirlandes des branches du même laurier dont Apollon cueillit la sienne, et retournent chez eux par le chemin de Pithée, etc. » *Elien, Histoire variée, liv. III, chap. 1.*

« Le Pénée est le fleuve le plus célèbre de la Thessalie. Il prend sa source à Gomphi, et parcourt un espace de cinq cents toises entre l'Olympe et l'Ossa, dans une vallée couverte de forêts. Vers le milieu de sa course il devient navigable. On donne le nom de *Tempé* à une contrée que ce fleuve arrose, et qui a cinq mille pas de long sur environ un arpent et demi de large. Ici les montagnes s'élèvent insensiblement à droite et à gauche, aussi loin que la vue peut porter. Le Pénée la traverse par le milieu. La transparence verdâtre qui est propre à ses eaux, et qui permet à l'œil d'apercevoir jusqu'aux pierres qui en couvrent le fond, le beau gazon qui orne ses bords, et le chant mélodieux des oiseaux, donnent à ce fleuve un agrément infini. Il reçoit l'Orcus, mais ne se confond pas avec lui. Celui-ci nage comme de l'huile sur sa surface, ainsi qu'Homère l'a déjà dit; et après que le Pénée l'a ainsi porté à une certaine distance, il le dépose, comme se refusant de mêler son onde argentée à cette eau maudite et engendrée par les furies. » *Pline, Histoire naturelle, liv.* IV, *s.* 14.

« La gorge de Tempé, quand ce n'eût pas été en tems de guerre, est déjà par elle-même très-difficile à passer ; car outre que pendant un espace de cinq milles, elle est si étroite qu'un mulet chargé peut à peine y trouver passage, les bords en sont des deux côtés comme coupés, et si escarpés, qu'on ne peut regarder du haut en bas sans être frappé de vertige. Le bruit du Pénée qui coule au milieu de la vallée, ajoute encore à l'horreur de la scène. Ce passage, si difficile par sa nature, était encore occupé par les gens du roi (de Macédoine) en quatre points différens ; une fois à l'entrée près de Gonnus ; ensuite à Condilone, château inexpugnable ; le troisième poste était à Lapathunt, que dans le pays on nomme *Caraca ;* et enfin le dernier était sur la route même, exactement au milieu de la vallée, et dans sa partie la plus étroite, de sorte que rien n'est si facile que de défendre ce passage avec dix hommes armés. » *Tite-Live, déc.* V, *liv.* IV.

Est nemus Æmoniæ, prærupta quod undique claudit
Sylva, vocant Tempé; *per quæ Peneus ab imo*
Effusus Pindo, spumosis volvitur undis :
Dejectuque gravi tenues agitantia fumos
Nubila conducit, summisque aspergine sylvis
Influit, et sonitu plusquàm vicinà fatigat.

Métamorphoses d'OVIDE, 10.

Les meilleurs même et les plus exacts d'entre les voyageurs modernes, ont été incertains sur la situation qu'ils devaient donner à Tempé. Pococke [1] un des plus distingués, hésite entre la vallée qui est à l'embouchure du Pénée, et celle qui est située plus haut, et là où ce fleuve n'est pas encore entré dans les gorges. A l'occasion de son voyage de Salonique à Larisse, il s'exprime en ces termes : « Claritza est située à environ deux lieues de France du Pénée, qui prend sa source sur le Pinde ; la plus grande partie du chemin est une plaine fertile, étroite, *n'ayant pas un mille de largeur*, et doit être cette agréable vallée de Tempé, qu'on décrit comme étant à l'embouchure du Pénée, et ayant cinq milles de long sur un demi-acre de large. »

[1] Voyage de Richard Pococke, en Orient, dans l'Egypte, la Grèce, etc., etc. ; traduit de l'anglais. Paris, 1772.

Il est assez singulier qu'il veuille désigner par le nom de *Tempé*, ce chemin étroit, d'*un mille de largeur*, en disant lui-même tout de suite après, que, suivant les descriptions, cette vallée n'avait qu'un demi-acre de large [1].

Et plus bas, lorsqu'il a passé la nuit à une distance de quatre lieues de ce qu'il nomme le port, ou de l'embouchure du fleuve à Baba, et qu'il poursuit ensuite son chemin vers Larisse, il continue : « Nous arrivâmes à une vallée qui a deux milles de long et autant de large ; nous marchions vers le sud, et le Pénée coulait le long du côté septentrional de la plaine vers l'orient. Nous nous rendîmes vers l'ouest, entre les collines situées vers le sud, et passant obliquement par-dessus quelques-unes de ces collines, nous arrivâmes dans cette grande plaine sur laquelle est située Larisse, environ deux lieues plus loin sur le Pénée. *Il est encore très-douteux si ce ne sont pas là les champs de Tempé, puisque, selon quelques uns, le Pénée coulait à travers des champs, et puis*

[1] L'acre est une surface de 720 pieds anglais de long, sur 72 de large.

entre l'Olympe et l'Ossa. Néanmoins d'autres les placent à l'embouchure du Pénée. » Mais cette confusion cesse, et tout ce que les anciens nous ont dit de contradictoire en apparence sur Tempé, s'accorde parfaitement, dès que l'on sait que cette dénomination embrassait une partie des vallées du Pénée, à son entrée comme à sa sortie des gorges de l'Ossa et de l'Olympe.

Excusez ces nombreuses citations, Madame, je les ai jugées nécessaires pour l'éclaircissement de ce qui fera le sujet des lettres suivantes, et je termine celle-ci, en vous observant que cette vallée de Tempé ayant été si négligée par les autres voyageurs, j'ai cru devoir m'y arrêter un peu plus en détail.

LETTRE II.

Avant d'entrer encore directement en matière, permettez, Madame, que je prenne la défense de Tempé contre un ennemi qui semble avoir conçu pour ce lieu une haine toute particulière, sans que je puisse deviner d'où part un éloignement si marqué. Cet ennemi, c'est M. de Pauw, qui d'ailleurs, sans avoir jamais vu la Grèce, a donné généralement sur ce pays des notions très-justes et des jugemens très-bien fondés.

Après avoir parlé, dans le premier volume de ses *Recherches philosophiques sur les Grecs*, de la belle vue dont on jouit sur les hauteurs du mont Hymette, il dit assez brusquement : « On ne sait pourquoi les poëtes lui ont constamment préféré le Tempé de la Thessalie, dont le nom est cent fois répété dans leurs vers, comme si c'eût été l'endroit le plus séduisant de la terre habitée. Mais leur erreur à cet égard est attestée par la nature, ou si l'on veut, par l'état réel du local, qui n'a essuyé aucune vicissitude ni aucune altération depuis plus de deux mille ans. »

Il cite Tite-Live parlant des horreurs de Tempé et du vertige qu'elles causent.

Il nomme l'Eurotas ou le Titarèse « un ruisseau empoisonné, qui flétrissait la verdure sur son passage, et brûlait les fibres des plantes par l'âcreté de ses eaux, chargées d'un principe de bitume caustique, qu'on voyait y surnager, ainsi qu'une matière oléagineuse, et dont Sénèque parle comme d'un dangereux poison.

« Les forêts qui sont d'un côté sur le flanc du mont Olympe, et de l'autre sur celui du mont Ossa, empêchent l'évaporation de l'air humide qui règne toujours au fond de ce précipice, sous la forme d'un brouillard, qu'Ovide compare à une fumée d'eau ou à un nuage, qui enveloppait jusqu'au sommet des arbres.

« Il existe des endroits semblables en différentes contrées de l'Asie et de l'Europe ; et l'empereur Julien rapporte dans une de ses lettres, qu'en traversant les montagnes de l'Allemagne, au centre de la forêt Hercynienne, il y avait vu des gorges plus profondes que le Tempé même, que les Grecs modernes nomment le *Lycostome* ou *la gueule du Loup*, parce qu'il s'offre sous un aspect assez semblable du côté de la mer, vers l'embouchure du Pénée. »

« Les anciens, » dit M. de Pauw en terminant, « nous ont laissé quatre descriptions du Tempé. Celles de Pline et d'Elien sont purement romanesques. Celles de Tite-Live et d'Ovide sont exactement conformes à la vérité. Les voyageurs modernes, et ceux qui ont rédigé leurs mémoires, comme ceux de Tott, ont été si ignorans dans l'ancienne géographie, qu'ils parlent sans cesse du Tempé comme d'une plaine riante; tandis qu'Elien, qui a d'ailleurs tant exagéré, n'en fixe la largeur qu'à un plèthre, ou à-peu-près quinze toises. Or, n'est-ce pas la plus grande absurdité où l'on ait pu tomber, de donner le nom de *plaine riante* à une gorge large de quinze toises? »

Quand tout ce qu'allègue M. de Pauw serait vrai, ce qui certainement n'est pas, encore ne devrait-il pas s'étonner que la vallée de Tempé, malgré son peu de mérîte pittoresque, fût néanmoins, pour tous les habitans de l'ancienne Grèce, l'objet d'une attention particulière et même d'une sorte de culte; car ce n'est pas seulement par sa beauté que ce lieu était si célèbre chez eux, beaucoup de causes concouraient à le leur rendre très-intéressant. La Thessalie était la province la plus septentrionale de toute la Grèce, et Tempé le point le plus septentrional de la Thessalie, au-delà duquel on cessait de parler la langue grecque, pour ne plus parler, aux colonies près, que des dialectes barbares, tels que le macédonien et l'illyrien.

« Ce pays, qu'on appelle maintenant la Grèce, » dit l'historien Thucidide[1], « n'avait pas toujours d'établissement assuré; et il n'y avait point de commerce entre ces peuples, ni par mer ni par terre, parce qu'ils ne se fiaient pas les uns aux autres, et que les plus puissans dépossédaient les plus faibles. D'ailleurs, comme il n'y avait point en ce tems-là de ville forte ni d'Etat bien florissant, on ne se souciait pas d'amasser des richesses, de peur d'exciter l'ambition de ses voisins. On ne cultivait donc

[1] Trad. d'Ablancourt, liv. I.

des terres qu'autant qu'il en fallait pour vivre; et, dans l'opinion qu'on pouvait subsister par-tout, on passait d'un lieu à un autre fort aisément. Les meilleurs endroits de la Grèce étaient les plus exposés aux changemens, comme la Thessalie et la Béotie, avec la plupart du Péloponèse, à l'exception de l'Arcadie. »

Un peu plus loin il continue : « Tous ces peuples n'étaient pas même alors compris sous un même nom. . . . . . . Mais après le déluge de Deucalion, Hélénus et ses descendans s'emparèrent de Phtia; et pendant que les autres Thessaliens invitèrent ces hommes valeureux de passer encore en d'autres villes et de les secourir, peu-à-peu ils se lièrent plus étroitement, et se réunirent sous un même nom, sous celui d'*Hellènes*. »

Ainsi Phtia, si elle ne fut la patrie primitive des Grecs, fut du moins le pays originaire de leur nom, et autrefois l'extrémité la plus septentrionale de leur frontière. Aucune domination commune, aucune diète ou amphictious n'en unissaient les Etats morcelés. Mais tous ces étrangers, émigrés du Pont, reconnaissaient pour maîtres suprêmes les mêmes dieux qu'adoraient les naturels du pays, et les plaçaient, comme on sait, dans cette province (Phtia). Ces dieux étaient les Titans et les Géans de l'Othrys, qui habitèrent quelque tems cette montagne, d'où ils pouvaient surveiller et protéger leurs adorateurs. Assez peu de tems après, les frontières s'étendirent vers le nord jusqu'à l'Olympe; et une autre race de dieux, sous la conduite de Jupiter, ayant vaincu sur ces entrefaites, on leur donna également pour séjour cette nouvelle montagne frontière, du haut de laquelle ils voyaient et gouvernaient tout.

Les traditions sur la formation primitive d'un pays, ne sauraient guères manquer d'en intéresser plus ou moins les habitans; mais ceci avait lieu plus particulièrement encore chez les Grecs, qui recherchaient avec une véritable passion tout ce qui avait le moindre rapport avec leur origine et les tems les plus reculés de leur histoire.

Or, le déluge de Deucalion était l'époque principale de la géologie grecque, et nulle part on n'en pouvait suivre si distinctement la trace, démontrer aussi rigoureusement l'existence réelle, que dans la Thessalie et à Tempé.

Nous lisons dans Hérodote [1] : « On dit que la Thessalie a été originairement un lac, entouré de toutes parts de hautes montagnes, à savoir : du côté de l'ouest, le Pinde ; du midi, l'Othrys, et de l'est, le Pélion et l'Ossa. C'est là qu'est maintenant enfermée la Thessalie, sur un plan très-bas, arrosée de beaucoup de rivières, dont les principales sont : le Pénée, l'Apidanus, l'Onochonos, l'Enipée et le Pamisus, qui, après s'être toutes réunies dans un même lit, ont conservé le nom de Pénée, et maintenant, à travers une vallée étroite, versent leurs eaux dans la mer, et reçoivent un écoulement qui leur manquait. De-là vient la tradition thessalienne que Neptune, ce dieu qui ébranle la terre, a formé ce vallon resserré entre des montagnes ; et il me paraît effectivement que c'est par un tremblement de terre que l'Olympe a été séparé de l'Ossa. »

Strabon [2] est parfaitement conforme sur ce point avec Hérodote : « Le Pénée,

[1] Liv. VII. 6. [2] Liv. X. 2.

qui coule au travers de la Thessalie, et qui reçoit beaucoup d'autres rivières, se déborde fréquemment, et l'on prétend même que, dans des tems très-reculés, toute la Thessalie n'a été qu'un grand lac; ce qui semble effectivement incontestable, ce pays étant de toutes parts entouré de montagnes, et les bords de la mer se trouvant plus élevés que l'intérieur des terres. Un tremblement de terre ayant ensuite séparé l'Ossa de l'Olympe, et produit par-là le Tempé, qui est situé entre ces deux montagnes, le Pénée y gagna un libre cours dans la mer; et ainsi se forma la Thessalie, qui, depuis ce tems, a encore conservé deux grands marais: le Nésonis, qui est le plus grand, et un autre plus petit, le Bobéïs, dans le voisinage de la mer. »

Philostrate décrit aussi un tableau dans lequel Neptune ouvre le Tempé aux eaux du Pénée; et le dieu du fleuve, après avoir reçu le Titarèse, promet de suivre cette nouvelle voie. De ces eaux qui s'abaissent, on voit s'élever la Thessalie, couronnée d'oliviers et d'épis, et apprivoisant un poulain qui vient de s'engendrer au même instant.

Cependant le sol environnant était resté marécageux et inhabitable, et le Nésonis maintenait ses droits. Mais bientôt parut Hercule, le vainqueur de l'Achéloüs et de l'hydre de Lerne, ou du moins sous ce nom, un des bienfaiteurs quelconques de la Grèce. Lié d'amitié avec plusieurs Thessaliens, et nommément avec Admète de Phérée, auquel il avait rendu son épouse, il voulut rendre un service signalé à ce pays, où d'ailleurs plusieurs de ses enfans avaient déjà fixé leur domicile.

Diodore de Sicile [1], dit positivement : « La plaine qui avoisine ce qu'on nomme Tempé, était toute remplie de marais à une fort grande distance. Mais Hercule creusa un canal qui traversait tout cet espace, y attira l'eau des lacs, et fit ainsi sortir du fond des marais les plaines et les champs de la Thessalie, le long du fleuve Pénée ; en quoi il eut pour but de rendre service aux Grecs, de même qu'en arrêtant le cours de l'Orchoménos des Minéens, il voulut se venger sur ces peuples de l'asservissement de Thèbes. »

Cette formation d'un pays sorti du sein

[1] Liv. IV.

des eaux, devint donc l'objet de la curiosité et de l'admiration des habitans de la Grèce, et ne leur parut pas moins miraculeuse que, dans la suite, celle de Théra, aujourd'hui Santorin, qui leur offrit le spectacle d'une terre sortant du milieu des flammes, phénomène qu'on a vu s'y renouveler il y a environ un siècle.

On visitait fréquemment ce pays, et les mystagogues grecs ne manquaient jamais de fixer l'attention des étrangers sur cette terre de prodiges.

Xerxès, dans sa guerre contre les Grecs, ayant déjà passé heureusement la Thrace, et étant arrivé à Thermée, dans le golfe de Thessalonique, « considéra [1] les montagnes de la Thessalie, et l'immense élévation de l'Olympe et de l'Ossa; et lorsqu'on lui eut dit qu'il y avait entre ces montagnes un lit étroit dans lequel coulait le Pénée, et un chemin qui conduisait dans l'intérieur de la Thessalie, il voulut voir les bouches de ce fleuve. »

Sans doute qu'on lui avait raconté en même tems la formation singulière de ce pays, et qu'il devint curieux de se convaincre par ses propres yeux.

[1] Hérodote, c. VII.

« Il monta donc un vaisseau sidonien qu'on avait équipé pour des expéditions de cette nature, et dont il se servait d'ordinaire. Arrivé à l'embouchure du Pénée, il se mit à la considérer, et demanda à ses guides, avec une exclamation de surprise, si ce fleuve n'avait aucune autre issue par laquelle il pût se décharger dans la mer. O Roi! lui répondirent ceux-ci, le fleuve ne saurait se jeter par aucune autre voie dans la mer, puisque la Thessalie est de tous côtés enfermée par des montagnes. Sur quoi l'on assure que le roi leur répartit : Sur ma foi, j'apprécie la sagesse des Thessaliens de s'être pourvus à tems [1], en reconnaissant leur propre faiblesse, et combien il est facile de se rendre maître de leur pays; car, dans le fait, on n'aurait besoin pour les perdre, que de faire refluer les eaux du fleuve sur leurs campagnes, en fermant, par une digue, l'étroite vallée par laquelle il s'écoule, et en submergeant ainsi toute la Thessalie, à ses montagnes près. »

[1] Ils s'étaient déjà assez long-tems auparavant soumis à Mégabèzes et ensuite à Mardonius, et avaient consenti à payer un tribut.

Il paraît que Xerxès, après avoir réussi à jeter un pont sur le Bosphore de Thrace, et à percer le mont Athos, avait pris goût aux entreprises de ce genre, et qu'à l'aspect de l'embouchure du Pénée, il avait conçu la pensée de tenter contre la nature une nouvelle lutte, dans laquelle, avec le secours de ses innombrables armées, il eût fort bien pu rester encore une fois victorieux.

Je crois avoir désormais suffisamment éclairci les raisons qui rendaient cette contrée si intéressante pour les Grecs : ainsi, sans m'arrêter davantage, je vais passer maintenant à l'excursion que j'y ai faite, et à ce que j'ai eu moi-même l'occasion d'y remarquer.

Le 31 août 1803, je louai les chevaux d'un Grec albanais; et, accompagné de M. Gropius et d'un domestique grec, nommé Giovanni, je me mis en route pour la ville d'Ambélaki, situé vers le milieu de la vallée, et distante de Larisse d'environ quatre milles et demi d'Allemagne.

Nous suivîmes d'abord la rive du Pénée, ornée de beaux arbres, qui quelquefois même en dérobent pour un moment la vue. Les bords sont fort élevés au-dessus de la surface de l'eau. Le fleuve est profond, et le courant en est très-rapide, mais sans mouvemens impétueux. Nous passâmes devant un corps-de-garde, où, pour ne pas éprouver de retard, et éviter toutes difficultés, nous donnâmes quelques paras. Dans les cimetières de Larisse, près desquels nous passâmes, nous vîmes plusieurs tombes décorées et recouvertes de chapelles, appartenant à des Turcs de distinction [1]. Bientôt nous quittâmes le

[1] Cet honneur ne s'accorde qu'à des pachas à trois queues, ou à des hommes éminemment distingués, mais sur-tout à des derviches ou imans qui ont vécu et sont morts en odeur de sainteté. Le turban qui distingue les états pendant la vie, sert encore d'ordinaire à les distinguer après la mort, et la coîffure du défunt est communément gravée sur sa pierre tombale. On voit très-souvent près de Larisse une sorte de mausolées turcs qui s'élèvent en degrés, à-peu-près dans la forme ci-jointe :

Pénée, et fîmes une lieue et demie dans la plaine avant de le joindre de nouveau. Les champs étaient en grande partie plantés de cotonniers, dont la récolte était déjà faite. Mais ils ne s'élèvent pas jusqu'à la consistance d'arbrisseaux, comme ceux d'Espagne; ils sont très-bas, ainsi qu'en Sicile et dans l'Asie Mineure, et ressemblent assez, au premier coup-d'œil, à la pomme de terre, sur-tout quand celle-ci est en fleurs. Nous rencontrions assez fréquemment des éminences tombales antiques (tumuli); à quoi cependant il est facile de se tromper dans les pays où les Turcs ont fait autrefois la guerre, parce qu'ils avaient la coutume, dans les lieux où ils campaient, de pratiquer de semblables éminences à la place où était la tente du sultan ou du général en chef.

Nous aperçûmes au nord-est un fond marécageux et étendu, d'où s'élevaient, d'espace en espace, quelques joncs assez hauts: c'était sans doute anciennement le lit du lac Nésonis. Après l'avoir laissé derrière nous, et avoir franchi une élévation considérable, nous entrâmes dans une vallée inculte, et d'un aspect aussi désagréable que nous avait paru celle de Volo, lorsque nous nous rendions à Larisse. A droite et à gauche, sur des hauteurs, à quelque distance de nous, on voyait épars plusieurs villages que notre guide nous dit être pour la plupart habités par des Turcs. Nous l'eussions conclu d'ailleurs aux fontaines riantes, richement décorées et ornées d'inscriptions, que nous vîmes dans celui où nous entrâmes pour faire boire nos chevaux, et qui était situé sur la droite en s'écartant un peu de notre route. On en rencontre souvent de ce genre, même dans des routes solitaires. Elles sont l'ouvrage de quelque pieux et charitable musulman, qui les a fait élever et embellir, soit pour le soulagement des voyageurs, soit pour faciliter la pratique des ablutions. Près de là, sur une pierre, on lit une invitation de prier Dieu pour la sanctification de l'ame du fondateur, ou souvent aussi quelque passage de l'Alcoran, qui lui promet pour l'avenir le prix de sa bienfaisance.

Nous nous rapprochâmes ensuite du fleuve, et marchâmes quelque tems sur un sable léger, profond et très-incommode, couvert cependant d'*agnus castus* très-touffus, à travers lesquels le chemin ne s'ouvrait quelquefois qu'assez péniblement. La fleur bleue de cet arbuste contraste agréablement avec le vert délicat de sa feuille étroite. Souvent en Grèce, il s'élève à une assez grande hauteur, et j'en ai vu plusieurs du côté des Thermopyles, dont je pouvais à peine, en passant à cheval, atteindre de la main les branches les plus basses. Nous savons aussi que les anciens s'en servaient pour la sculpture; et c'est ce bois qui doit avoir fourni la matière de la Junon qu'on adorait à Samos.

C'est ici qu'à mesure que nous approchions des montagnes, le paysage commença à prendre une forme plus agréable. Des champs cultivés, de riches groupes d'arbres en rendent l'aspect de plus en plus riant. C'est aussi là que je place proprement le commencement de Tempé, qui désormais, si l'on en excepte quelques espaces plus étendus près de Baba et d'Ambélaki, va toujours se rétrécissant jusqu'à ce qu'enfin il s'ouvre de nouveau, et se termine vers le bord de la mer à l'embouchure du Pénée; formant ainsi comme une triple vallée très-ouverte à son entrée ainsi qu'à son issue, mais dont le milieu est très-étroit, ce qui lui a peut-être valu le nom de *Tempé* ou *Tempea*, au pluriel.

Depuis l'entrée de la vallée jusqu'à Baba, on peut compter une demi-lieue ; et depuis Baba jusqu'à la ville d'Ambélaki, où nous avions résolu de passer la nuit, et qui est située sur un vaste amphithéâtre au revers d'une montagne de la chaîne de l'Ossa, on a trois grands quarts de lieue à descendre. Le chemin est haut et très-escarpé, quoiqu'il forme de nombreuses sinuosités. Mais le gazon, et en général toute la végétation du revers de la montagne, ont la même fraîcheur que sur les Alpes, et sont arrosés par des ruisseaux rians et d'une extrême rapidité. De petits jardins bien soignés ont été pratiqués sur des terrains qu'on n'a pu soutenir qu'à l'aide d'un grand travail, et toute la culture témoignait de l'industrie des habitans, en même tems qu'elle annonçait leur aisance.

Comme le jour était très-avancé lorsque nous atteignîmes le bas de la montagne, nous résolûmes de suspendre jusqu'au lendemain notre pélérinage dans la vallée, de crainte qu'il ne nous fût pas facile de nous procurer un logement si nous arrivions trop tard à Ambélaki. Mais vous permettrez, Madame, que je continue ma description sans l'interrompre, remettant à vous parler ensuite de ce que cette petite ville peut offrir de remarquable. Je vous observerai seulement que ce ne fut que le lendemain à midi que nous redescendîmes d'Ambélaki, et que trois bons et aimables jeunes gens, frères et cousins, du nom de Drosos, eurent la complaisance de nous accompagner dans notre course; ils nous aidèrent aussi à nous procurer de meilleurs chevaux, que nous fîmes partir en avant, à cause de la roideur du chemin, et que nous ne montâmes qu'après avoir gagné le bas de la côte.

Les environs du bourg de Baba offrent les promenades les plus agréables, et les plus beaux bosquets de platanes que j'aie jamais vus. L'âge n'avait ôté ni aux arbres leur vigueur, ni au feuillage sa fraîcheur et son velouté. Ce n'est qu'en Arcadie et en Achaïe que j'ai rencontré de semblables bosquets; dans les autres contrées du Levant, ce ne sont que de beaux arbres isolés.

Baba est presque exclusivement habité

par des Turcs. Il a une mosquée très-célèbre et très-révérée, qui doit avoir été fondée par un certain Osman dont on y montre le tombeau. Elle est située entre des cyprès et des ormeaux qui la dérobent presque à la vue. La dévotion y attire de fort loin des pélerins en très-grand nombre. Ils apportent leurs offrandes aux imans et aux derviches, qui y sont entretenus par des fondations, pour vaquer au service de la mosquée. Il est rare en outre que les voyageurs qui ont occasion d'y passer, s'abstiennent d'y laisser quelques dons; et le montant en est si considérable, qu'il suffirait, dit-on, pour nourrir pendant la moitié de l'année la totalité des habitans, dont le nombre s'élève à plusieurs mille. Les Musulmans y célèbrent de plus chaque année une fête solemnelle. Là, sur des tables de pierre, à l'ombre des platanes, on sert un repas copieux, auquel, sans distinction de religion, chacun est indifféremment admis, et où le pain, la viande et le pilau sont entassés pendant plusieurs jours à la disposition du premier qui se présente.

C'est ainsi que s'est maintenu l'usage religieux des pélories, sans que ceux qui le pratiquent aujourd'hui en soupçonnent l'histoire ni l'origine. Les lieux qui ont servi de théâtre aux plus grandes batailles et aux plus célèbres assemblées politiques, ont perdu pour ceux qui les habitent, leur gloire et leur importance; les solemnités religieuses sont le seul titre impérissable de la noblesse d'un pays; celle-là se transmet à perpétuité d'âge en âge et de peuple en peuple, et sous des formes différentes, elle reste toujours la même.

Athénæus nous apprend comment s'était établie en Thessalie la fête des Pélories, et par quelle circonstance Pélorus lui donna son nom. Ce fut au moment où le roi Pélasge préparait un sacrifice solemnel en Hæmonie, que Pélorus apporta l'agréable nouvelle que les montagnes du Tempé s'étaient ouvertes et avaient laissé un passage au Pénée, ce qui donnait en même tems à la plaine et plus de beauté et plus d'étendue. Là-dessus le roi fit dresser une table splendide, couverte de viandes de toute espèce, et ordonna à Pélorus d'y prendre place. Tous ceux qui étaient présens au sacrifice, s'approchèrent également pour lui témoigner leur joie; chacun voulut l'embrasser, chacun s'empressa de lui offrir ce qu'il possédait de plus rare et de plus délicat, et Pélasge et ses courtisans voulurent le servir de leurs propres mains. Lorsqu'ensuite ils eurent pris possession de la nouvelle contrée dont ils venaient d'être gratifiés, la coutume s'établit qu'à l'imitation de cette première fête, lorsque les habitans sacrifieraient à Jupiter Pélorus, ils prépareraient un festin auquel ils admettraient tous les étrangers; que les prisonniers seraient élargis, et que les esclaves en pleine liberté prendraient place autour de la table, tandis que leurs maîtres les serviraient. Depuis ce tems, les Thessaliens donnèrent à leur fête principale le nom de *Pélories*.

La vallée de Tempé, depuis Baba où elle se resserre, jusqu'au second point où elle recommence à s'élargir, porte aujourd'hui le nom de *Bogazo* (gorge), et a environ un mille d'Allemagne d'étendue. Le nom de Lycostomon est entièrement hors d'usage; on le trouve chez Anne Comnène (guerre de Bohemond avec Alexis), et chez plusieurs écrivains du moyen âge; ce qui aura porté M. de Pauw à croire qu'il est encore usité. C'est d'ailleurs, comme Bogazo, une dénomination générique qu'on a donnée à plusieurs vallons resserrés. On la donne, dans la carte des voyages de Sonnini, à une vallée du Pélion, au sud-est de Tempé.

Je n'ai trouvé le Pénée ni bruyant ni impétueux, si ce n'est peut-être dans un endroit où des pêcheurs lui avaient opposé une digue, dont il descendait assez rapidement et avec quelque fracas. Si M. de Pauw l'avait vu par lui-même, il n'aurait eu garde d'applaudir à la description d'Ovide, qui a bien tout le mérite de la poésie, mais d'autant moins celui de la vérité. Ce n'est certainement rien moins qu'une belle horreur. Je ne saurais dire s'il s'irrite et se déborde dans de fortes pluies d'hiver et lorsqu'il reçoit les eaux des montagnes ; mais cela me paraît peu vraisemblable, sa pente étant assez forte, et l'élévation de sa rive lui permettant de s'accroître beaucoup sans se déborder. Tous les habitans s'accordent d'ailleurs à lui refuser cette fougue qu'on s'est plu à lui attribuer. Il se peut aussi que depuis le siècle de Tite-Live et d'Ovide, son lit se soit creusé davantage, et que par là il soit devenu moins sujet aux débordemens.

Elien a avancé qu'il était uni comme de l'huile. Je nè l'ai trouvé ainsi qu'en peu d'endroits; mais sur-tout ce que je ne lui ai vu nulle part, c'est cette transparence verdâtre dont Pline fait mention. Il me parut plutôt trouble et jaunâtre, et cependant il y avait très- long-tems qu'il n'avait plu, et ce n'était pas à des terres détachées qu'il pouvait devoir cette teinte. Bien qu'il soit navigable ou qu'il pût du moins très-facilement le devenir, je n'y ai vu cependant aucune embarcation.

Les bords de la vallée dont parte Tite-Live, dont la hauteur et l'escarpement sont tels que l'œil ne peut sans effroi en mesurer la profondeur, ne m'ont pas paru à beaucoup près si terribles. Peut-être a-t-il regardé du haut de leur sommet, ce qui pourrait produire un effet différent; mais si l'Olympe et l'Ossa doivent être rangés sans contredit parmi les plus hautes montagnes de la Grèce, cette partie avancée qui embrasse la vallée, est aussi précisément la plus basse de toute la chaîne, et ce n'est que derrière cette côte que les masses s'élèvent et commencent à devenir imposantes: aspect qui, d'en bas, ne saurait être sensible.

Sonnini, qui a monté l'Olympe en partant de Catherin, au milieu de juillet, parle beaucoup de la peine et des fatigues qu'il a essuyées : « Au-dessus du couvent d'Agios-« Dionysios (Saint-Denis), isolé et placé « dans un lieu très-sauvage, il n'y a plus « d'habitations sur l'Olympe. . . . . . . Nous « eûmes bientôt rencontré des monceaux « énormes de neige. . . . . . . Nous grimpâ-« mes, comme nous pûmes, la plus grande « partie de la journée, en nous accrochant « aux branches des arbustes, qui devenaient « plus rares à mesure que nous nous éle-« vions, et aux saillies de rochers qui, par « l'effet d'une gelée éternelle, se déta-« chaient souvent et nous restaient à la « main. Tant que nous eûmes des arbres et « des arbustes pour nous soutenir, nous « pûmes monter ; mais la végétation en-« gourdie n'en produit plus à quelque dis-« tance du sommet de la montagne. Ce « sommet est nu et ne présente qu'une ca-« lotte de neiges et de glaces, sur laquelle « il est impossible de se soutenir et de mar-« cher. . . . . »

« La chaleur était extrême vers la base « de la montagne, aussi bien que dans la

« plaine, et les masses de neige qui étaient « condensées près de sa cime, ne parais« saient pas prêtes à se fondre. Cependant « un voyageur anglais a avancé qu'au mois « de septembre on ne voit plus de neige « sur l'Olympe. L'on est tenté de ne pas « croire à l'assertion de Brown, lorsque « l'on a visité les montagnes pendant les « plus fortes chaleurs de l'été, et que l'on « a entendu le témoignage des religieux « grecs, qui ont remplacé les dieux sur « cette grande élévation du globe; ils nous « confirmèrent en effet, ce dont nous ne « pouvions guère douter, la perpétuelle « permanence de la neige et de la glace au « haut de la montagne. »

Pour moi, au contraire, j'ai plusieurs raisons de croire que le rapport de M. Sonnini est exagéré, quoiqu'il y ait peut-être moyen de le concilier avec celui de Brown, puisque l'un parle de juillet et l'autre de septembre. Ce qu'il y a de certain, c'est que je n'ai vu aucune trace de neige dans tout le contour de la vallée; mais aussi, comme je l'ai déjà observé, cette partie où nous nous trouvions est la plus basse de la chaîne. Les bords de la vallée sont ras et jaunâtres, ou n'offrent que quelques arbrisseaux très-épars, tels que l'épine et l'oléastre. Point de vestiges de ces arbres majestueux, de ces épaisses forêts, non plus que de ces lierres au sarment laineux qui, selon les anciennes descriptions, embellissaient les bords du fleuve; seulement des *agnus-castus*, des myrtes sauvages, et de loin en loin quelques lauriers-rose.

La bordure au pied de l'Olympe, est presque par-tout très-étroite; aussi n'y passe-t-il point de chemin. Il n'y a qu'un endroit dans lequel elle forme un beau gazon, dont on a profité pour y bâtir une chapelle à Agia Paraskévi.

Agia Paraskévi, traduit littéralement, signifie *sancta preparatio*, et c'est aussi le nom que les Grecs donnent au vendredi. Ici il désigne celui d'une sainte très-révérée, qui a beaucoup d'églises et de chapelles, tant dans l'Hellespont qu'à Constantinople et dans les îles. C'est aussi à elle qu'est consacrée l'église de Boujoukdéré. La légende lui attribue de très-grands miracles, et sa fête se célèbre au mois de juin avec beaucoup de solemnité. L'on prétend qu'elle fut appelée à Rome, et qu'elle y éclaira l'empereur Antonin le Pieux, sur les vérités de la religion chrétienne, quoique d'ailleurs l'histoire ne fasse pas grande mention du christianisme de cet empereur. Un Bohémien que nous rencontrâmes dans la vallée, monté sur un mulet, nous raconta qu'au lieu où la chapelle a été érigée, la sainte avait vécu longtems dans la solitude et la pénitence; mais que de tems en tems des anges descendaient de l'Olympe pour la visiter et la distraire. Son unique amusement était de se promener sur le fleuve, dans une gondole que les anges dirigeaient. J'aime à voir la légende animer un lieu par d'aussi agréables images. Malgré la corruption de son dialecte, notre bohémien nous fit ce récit avec assez de facilité et de grace.

J'aperçus deux arbres devant l'entrée de cette chapelle, mais sans pouvoir distinguer, d'un bord à l'autre, de quelle espèce ils étaient. Les jeunes Drosos m'assurèrent que c'étaient des lauriers (*laurus nobilis*). Il est très-rare que cet arbre croisse de lui-même en Grèce, et je suis fâché de n'avoir pu vérifier l'assertion de nos conducteurs. Ils ne connaissaient pas le gué, et il est très-dangereux d'en hasarder le passage avec des chevaux qui n'y sont pas accoutumés. Mais si le fait est vrai, ce serait pour moi une nouvelle preuve que c'est précisément à cette place qu'était situé le temple de Daphné, l'autel de la purification et l'arbre sacré d'Apollon Pithien. En Grèce, la plus petite circonstance mène quelquefois à une découverte précieuse ; mais ce qui mérite sur-tout une attention particulière, ce sont les sources et les arbres qui ne sont pas communs dans le pays. Car là où a péri la plante primitive que l'histoire ou la mythologie ont rendue célèbre, les habitans se font d'ordinaire un devoir religieux de la remplacer par des rejetons de la même espèce. Ceci peut s'appliquer à tous les pays. L'on montre encore aujourd'hui en Allemagne, près de Pirmont, un chêne que l'on nomme le *chêne d'Herman* ; et satisfait de son antiquité, on s'inquiète peu si réellement il remonte jusqu'à cette époque. Lorsque le premier mûrier que la France ait vu naître, et que M. Faujas de Saint-Fond a décrit, viendra à périr, ce sera certainement un arbre de la même espèce qu'on voudra planter à sa place.

Une ancienne tradition de la Grèce rapportait que l'olivier sacré de la citadelle d'Athènes, qui servait de témoignage à la dispute de Minerve et de Neptune, ayant été enveloppé dans l'incendie de cette ville, lorsque les Perses la réduisirent en cendres, le même jour deux rejetons avaient poussé à deux aunes de haut [1]. Il n'est pas difficile de trouver la clef de ce miracle. Il y poussait encore des rejetons il y a peu d'années, et le poëte Delille a cueilli un des derniers. Dans une caverne près d'Ambrakia, si nous en croyons Pline, des fèves se sont conservées depuis le tems de Pyrrhus jusqu'à celui de Pompée. Lorsque l'on rencontre des églises ou des chapelles de la religion grecque moderne dans des lieux où l'on soupçonne qu'elles ont été substituées à d'anciens temples, il ne faut pas manquer de s'informer si elles sont consacrées à un saint ou à une sainte, et l'on peut en conclure avec assez de vraisemblance, que la divinité qu'on y honorait autrefois appartenait au même sexe. C'est communément à l'immaculée Mère de Dieu, que les anciens autels de Mi-

[1] Pausan. Att.

nerve se trouvent aujourd'hui consacrés.

M. Fauvel, consul de France à Athènes, y a fait, par le moyen d'un arbre, une découverte très-intéressante.

Il y avait près de cette ville une place que l'on nommait *les Jardins*[1]. Là existait un temple de Vénus avec une statue quadrangulaire de cette déesse, en forme d'hermès. L'inscription portait « que la cé« leste Vénus était la plus ancienne des « déesses du destin. » Il s'y trouvait encore une autre statue, ouvrage d'Alcamène, et qui passait chez les Athéniens pour un des premiers chefs-d'œuvre de l'art[2]. Près de là était un endroit clos, dans lequel se trouvait l'entrée d'un souterrain naturel. C'était là que du sanctuaire de la protectrice d'Athènes, (Minerve Polias), les Kanéphores portaient leurs corbeilles mystérieuses dans la citadelle, et qu'ils en rapportaient d'autres objets qu'ils dérobaient également à la vue.

Ces anciens jardins se nomment encore aujourd'hui *Angelokypos*, jardin des anges. Selon d'autres, *Ambelokypos*, vigne. Les Athéniens modernes y ont plusieurs mai-

[1] Pausan. Att. [2] Dial. de Lucien.

sons de campagne et des plantations d'oliviers. M. Fauvel, qui souvent y dirigeait ses promenades, remarqua un jour parmi des broussailles qui entouraient une église grecque abandonnée, le tronc d'un très-gros et très-vieux myrte, dont les racines poussaient encore quelques rejetons. Comme cette plante n'est pas très-commune dans le pays, il s'approcha davantage, et se mit à observer plus attentivement la chapelle et la manière dont elle était située. Il découvrit d'abord en avant un puits dont la margelle était antique; près de là des chapiteaux ioniens d'une dimension médiocre, et des morceaux d'architrave. Alors M. Fauvel, à qui chaque ligne de son Pausanias est présente à la mémoire, commença à soupçonner que ce pouvait être là qu'avait été situé le temple de Vénus aux Jardins; vu sur-tout que les Grecs employaient de préférence l'ordre ionique pour les bâtimens qu'ils consacraient à cette déesse. A son entrée dans l'église, plusieurs anciens débris le confirmèrent dans son opinion; et entre autres, deux colonnes auxquelles les Grecs modernes avaient eu la barbarie de donner pour chapiteaux leurs anciennes bases. Mais il ne lui resta plus de doute, lorsqu'à droite de l'autel il aperçut une ouverture peu considérable, servant d'entrée à un souterrain assez spacieux, et qui paraissait être l'ouvrage de la nature.

J'ai aussi examiné ce souterrain à la lumière. L'on y trouve deux bas-reliefs du bon tems : l'un représente Minerve versant une coupe en forme de libation sur un serpent qui a la tête d'un bélier. La déesse est armée et tient sa lance. Près d'elle est l'oiseau qui lui était consacré. Dans l'autre on voit Cybèle, la grand'mère, avec sa couronne de muraille sur la tête et un gouvernail de vaisseau en main; près d'elle un dragon auquel elle va donner à boire. Peut-être aussi ce bas-relief représente-t-il Cérès ou sa fille. Quant aux attributs que je viens de décrire, il ne peut exister aucun doute à leur égard, les bas-reliefs étant parfaitement conservés.

Dans la montagne, près de la chapelle d'Agia Paraskévi, se trouve une grotte assez profonde. Les Drosos nous assurèrent que celui qui prête l'oreille à l'entrée, peut distinguer facilement, comme dans les latomies de Syracuse, tout ce qui se dit à voix basse dans la partie la plus reculée.

A Rapsani, village sur l'Olympe, vis-à-vis d'Ambélaki, on trouve également de pareilles grottes creusées dans le roc en forme de mines; nos conducteurs les nommaient *chandakia*, fosse [1]; mais je ne hasarderai pas d'en déterminer le but. Si elles étaient sur le Pélion, on serait tenté d'en faire l'habitation des anciens centaures, comme on attribue quelquefois pour demeure aux lestrigons, les cavernes de l'Hybla, entre Lentini et Syracuse.

La grande route de Salonique à Larisse, qui traverse le Tempé, se dirige toujours le long de l'Ossa, à la droite du Pénée. Vers le milieu de cette route, à-peu-près vis-à-vis de la chapelle de sainte Paraskévi, des rochers coupés à pic forment un assez vaste amphithéâtre. Là sont les ruines d'une fortification romaine mal travaillée, et dans le genre de maçonnerie qu'on nomme incertain. On distingue encore clairement une tour carrée, et l'on s'aperçoit que ce

[1] Scylitzès observe que dans la langue des Sarrasins, chandax (χάνδαξ) signifie retranchement; d'où Candie doit avoir tiré son nom, parce que du tems de l'empereur Michel-le-Bègue, les Sarrasins s'y retranchèrent.

fort doit avoir été réparé au moyen âge. Ce n'est qu'ici qu'il est possible de placer ce quatrième point de défense dont parle Tite-Live, où dix hommes pouvaient suffire pour arrêter la marche de toute une armée. Ces ruines se nomment aujourd'hui *Oréas-Kastro*. A quelques pas de là commence le défilé le plus étroit de la vallée, qui passe par-dessus une colline. On voit qu'il est l'ouvrage de l'art, et qu'il a été taillé dans le roc. Les degrés qui mènent sur l'élévation sont déjà très-usés. Lorsqu'on a atteint le point le plus élevé, on voit à hauteur d'homme, une inscription latine gravée sur le roc avec assez peu de soin. Les caractères sont inégaux, mal formés, et d'environ un pouce et demi de long.

L'inscription porte ce qui suit :

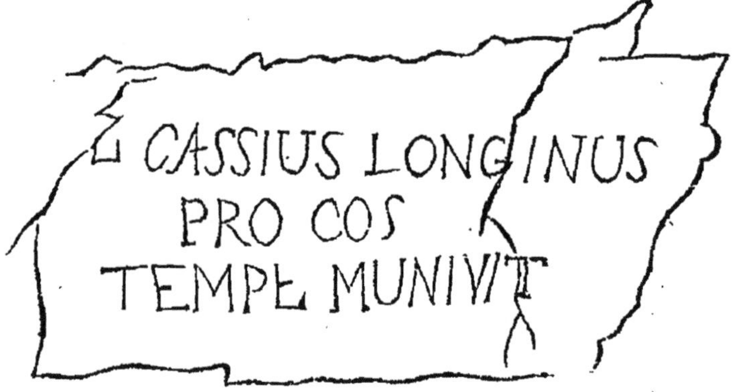

Les habitans nomment ce rocher *Grammeno-Alas*, (sel muni d'une inscription). En descendant la colline du côté de Salonique, on reconnaît des traces de fortification dans une ancienne muraille qui, à la porte près, doit avoir occupé toute la largeur du chemin, largeur d'environ douze à quinze pieds. Le mortier et la pierre sont encore très-fortement liés.

Ni dans Cassiodore, ni dans aucun autre ouvrage de numismatique ou d'histoire, je n'ai pu trouver qu'il fût fait mention d'un proconsul en Grèce, de la famille Cassia, et du surnom de Longinus. Je ne conçois pas non plus à quelle époque ou dans quelle guerre, depuis l'établissement du gouvernement proconsulaire en Grèce, les Romains auraient pu avoir besoin de fortifier la vallée de Tempé, puisqu'ils étaient maîtres de la Macédoine comme de toute l'Hellénie. Peut-être Cassius Longinus fit-il, par un surcroit de précaution, réparer les quatre anciens forts de la Macédoine, et graver ensuite son nom pour en éterniser le souvenir; ou peut-être aussi qu'alors, comme aujourd'hui, les pirates infestaient le golfe de Salonique, et qu'on voulut mettre le voisinage de cette côte à l'abri de leurs irruptions. Il ne serait rien moins qu'inutile d'y placer encore à présent une garnison pour la même fin.

Il n'y a pas long-tems qu'un malheur pensa avoir lieu dans ce défilé étroit. Véli-Pacha, le plus jeune des fils du Visir-Ali, avait épousé la fille de l'aga albanais de Catherin, et conduisait sa nouvelle épouse par Tempé à Janina. Elle était, ainsi que les femmes de sa suite, dans une *araba*, espèce de voiture couverte, souvent dorée et ornée de ciselures, mais sans ressorts. Soit par la mal-adresse du cocher, soit par la difficulté du passage, la voiture versa, et toutes les femmes furent précipitées dans le Pénée. Ce ne fut pas sans peine qu'on parvint à les sauver, et Véli-Pacha fut contraint de s'arrêter à Ambélaki, où il séjourna quelque tems, et où il se fit remarquer par son luxe et sa magnificence. Il y donna aussi l'exemple d'une sévérité peu commune, en poignardant de sa propre main un de ses domestiques affidés contre lequel on était venu lui porter plainte, et qu'on accusait d'une exaction. Au reste, il ne faut pas croire que toute la route depuis Catherin jusqu'à Janina, soit praticable pour les voitures. Ce n'est jamais qu'à de très-petites distances qu'il est possible, en Grèce, de voyager de cette manière.

La vallée de Tempé était envisagée comme une des principales positions militaires contre les ennemis extérieurs de la Grèce. C'est pour cela que lors de l'invasion des Perses, on résolut d'abord de la défendre contre Xerxès, et que, selon Diodore, on y envoya dix mille hommes sous le commandement de Thémistocle et du spartiate Synétus, qu'Hérodote nomme Evénétus, en observant qu'il n'était pas du sang royal. Mais la plus grande partie des Thessaliens et les autres Grecs qui habitaient les gorges, s'étaient déjà soumis aux envoyés du roi; ce qui contraignit les deux généraux à s'en retourner sans remplir leur commission. Rien de plus commun que de voir les places les plus fortes et les points de défense les plus renommés, tomber très-facilement au pouvoir de l'ennemi. Jamais, dans les guerres des Romains contre les Macédoniens et le roi Antiochus, la vallée de Tempé n'a été bien défendue, et elle ne l'a pas été mieux du tems de l'empereur Alexis Comnène, où plusieurs batailles eurent lieu dans les environs de Larisse.

Comme point limitrophe entre la Macédoine et la Thessalie, la vallée de Tempé a été deux fois le théâtre d'importantes négociations politiques entre les Romains et les rois de Macédoine. Lorsque plusieurs villes de la Thessalie se plaignirent des violences de Philippe, ce fut là que les légats Quintus Cécilius Métellus, M. Bebius Pamphilius et T. Sempronius, convoquèrent une assemblée des différens partis, pour y exposer leurs griefs respectifs.

Mais jamais la vallée n'a dû être plus brillante et plus animée que lors de l'entrevue de Persée avec les légats Q. Martius et Philippus Aulus Attilius. Le Pénée faisait la ligne de séparation entre les ambassadeurs Romains et le roi de Macédoine. L'ambassade était à Homolis, le roi à Dio. « La suite du roi était très-nombreuse [1], « ce prince étant accompagné de beaucoup « d'amis et d'une garde considérable, et le

[1] Tite-Live, déc. 5, l. II.

« nombre n'était pas moindre du côté des « légats, beaucoup d'habitans de Larisse « les ayant suivis, pour rapporter chez eux « des nouvelles certaines de ce qui se pas- « serait. On croira facilement que la curio- « sité était extrême de voir l'entrevue d'un « monarque de si noble origine, avec « les plénipotentiaires du premier peuple « du monde. »

Quoique sur la colline le passage soit fort étroit, la vue cependant n'est point resserrée, l'œil pouvant mesurer, outre la largeur du fleuve qui est considérable, l'espace qui s'étend de l'autre côté jusqu'au pied de l'Olympe.

A un bon quart de lieue en arrière des ruines de la fortification ci-dessus mentionnée, la vallée s'ouvre de nouveau, et offre à l'œil un espace bien cultivé et planté d'oliviers, à travers lequel le Pénée suit son cours en serpentant. On aperçoit aussi le golfe de Salonique, et les montagnes d'azur qui s'élèvent par-delà le golfe. Nous n'osâmes nous aventurer jusqu'au pont sur le Pénée, sachant qu'il y avait dans le voisinage des partis de brigands albanais; et lorsque nous descendions de cheval pour faire quelque chemin à pied, nous avions soin de tenir nos chevaux immédiatement derrière nous, pour être toujours prêts à nous sauver en cas de nécessité.

Nous nous en retournâmes ensuite à Ambélaki. Elien a bien raison de vanter l'agrément des lieux de repos que le voyageur rencontre ici de tems en tems. Celui auquel on a donné le nom de *Bourla*, est vraiment enchanteur Les sources abondantes qui viennent s'y jeter dans le fleuve, y conservent encore quelque tems leur transparence et leur limpidité, ainsi qu'Homère dit du Titaresius, dont les eaux, sans se mêler à celles du Pénée, glissent comme de l'huile sur sa surface [1].

Non loin de là, sur un autre point très-agréable, que l'on nomme *les eaux fraîches*, nous allumâmes du feu, et fîmes

[1] Pline raconte qu'il y a à Tempé une eau qui cause de l'épouvante à tous ceux qui l'aperçoivent. On dit qu'elle ronge le fer et le bronze, (le fleuve Orcus). Son cours n'a que peu d'étendue. Il remarque encore que cette eau est bordée de racines d'un arbrisseau sauvage, qui porte continuellement des fleurs couleur de pourpre.

préparer du café sous de superbes platanes. Quant au chant des oiseaux, dont Elien et Pline ont tant vanté la mélodie, nous n'eûmes point le bonheur d'en jouir. Pas un seul ne vint saluer de son gazouillement le jour qui tirait vers son déclin.

Je ne puis même m'empêcher d'observer à cette occasion, que le chant de nos rossignols m'a toujours paru fort supérieur à celui des rossignols du Levant. J'en ai entendu en quantité dans mes courses nocturnes sur l'Olympe de Bithynie, et du côté de Brussa; mais ils étaient loin d'égaler l'art des nôtres. Il se peut, au reste, que je me sois trompé; mais je me crois du moins exempt de l'exaltation patriotique de cet Athénien dont parle Plutarque, qui soutenait que la lune d'Athènes était beaucoup plus belle et bien meilleure que celle de Corinthe.

Je reçus à Ambélaki, chez les Drosos, l'accueil le plus hospitalier, et je trouvai leur maison agréable et commode. C'était un grand plaisir pour eux d'avoir rencontré un Allemand qui connaissait Jéna et Hall, et plusieurs des anciens compagnons d'université qu'ils y avaient eus.

Mais je m'aperçois, Madame, qu'il est tems de terminer cette lettre, et je réserve pour la première les particularités que je vous ai promises sur la ville d'Ambélaki.

LETTRE III.

M. Félix Beaujour a publié un livre très-intéressant sur le commerce de la Grèce, dans lequel Ambélaki ne peut manquer d'être mentionné, comme fournissant un des articles les plus considérables de l'exportation, les fils de coton de Turquie teints. Muni de toutes les connaissances préalables dont il avait besoin, M. Beaujour y a séjourné plusieurs mois; et ayant eu occasion d'observer avec beaucoup de soin les procédés de la teinture du pays, personne ne pourrait à cet égard donner des renseignemens plus exacts. Permettez-moi donc de vous donner d'abord la substance de ce qu'il en a dit, me réservant d'ajouter ensuite ce que j'ai pu apprendre par moi-même pendant le peu de jours que j'y ai passés.

Nous lisons dans l'ouvrage de M. Beaujour, que les principales teintureries de fil de coton rouge de la Thessalie se trouvent à Baba, Rapsani, Tarnavos, Larisse,

Pharsale, et dans tous les villages qui sont au pied du Pélion et de l'Ossa, mais que les plus célèbres et les plus remarquables sont à Ambélaki. Cette ville est située sur le penchant de l'Ossa, entre Larisse et la mer, et c'est l'industrie de ses habitans qui établit des relations entre la Grèce et l'Allemagne. Sa population a triplé depuis quinze ans, et monte actuellement à quatre mille habitans, tous Grecs. Ils ne souffrent point de Turcs parmi eux, et sont régis par des magistrats qu'ils élisent eux-mêmes. Les musulmans de Larisse ont fait deux tentatives réitérées pour escalader leurs montagnes, mais à chaque fois ils ont été vigoureusement repoussés. Tous, jusqu'aux enfans, sont employés dans les teintureries : pendant que les hommes teignent le fil, les femmes le filent et le préparent. Il y a des fabriques à Ambélaki où il est teint par an deux mille cinq cents balles de fil turc ; la balle a cent ockes. Cet article s'expédie en Allemagne, et arrive à Leipsick, Dresde, Anspach, Bareuth, etc., par la route de Pest et de Vienne. Les Marchands d'Ambélaki ont dans la plupart de ces villes des comptoirs par le moyen desquels ils débitent immédiatement le fil turc aux manufacturiers allemands. On a fait aussi des essais en Europe pour teindre en rouge le fil de coton ; et même, au milieu de ce siècle, des teinturiers grecs se sont établis à Montpellier, et y ont monté des fabriques sur le pied de leur pays. Les Français ne tardèrent pas à saisir leur procédé ; et maintenant il y a de ces teintures en rouge à la manière grecque, en Languedoc, dans le Béarn, à Rouen, Mayenne, etc. Mais cependant on n'est pas encore parvenu à imiter l'éclat et la vivacité de couleur des fils qui nous arrivent du Levant.

M. Beaujour examine aussi d'où peut provenir cette supériorité, et communique les procédés que l'on emploie à Ambélaki. Ceux que cette matière intéresse, la trouveront chez lui passablement développée.

A notre arrivée à Ambélaki, nous descendîmes dans un mauvais chan, mais qui était le seul de l'endroit. Nous fûmes singulièrement frappés de la grande activité qui régnait dans tous les ateliers, de la santé et de la gaîté qui brillaient sur tous les visages, et d'un extérieur d'aisance que je n'ai vu dans aucune autre partie de la Grèce. Du reste, le sang ne m'a paru très-beau ni dans l'un ni dans l'autre sexe.

Nous envoyâmes un domestique chez le primat, pour recueillir divers renseignemens sur la sûreté de la vallée que nous nous proposions de visiter le lendemain; et aussi pour nous procurer quelques provisions, tous les marchés et boutiques se trouvant déjà fermés, parce que le jour tirait vers son déclin. Le domestique revint bientôt, et nous annonça la visite du primat, qui effectivement ne tarda pas à le suivre. Après que nous eûmes pris place dans une chambre bien étroite, nous liâmes conversation, d'abord en grec, puis en italien; mais dès que nous eûmes dit au primat de quel pays nous étions, il nous apprit, à notre grande surprise, qu'il avait aussi quelque teinture de notre langue, et sur-le-champ il continua la conversation assez coulamment en allemand. Il nous raconta qu'il avait parcouru une grande partie des villes et des foires, tant de France que d'Allemagne; qu'on faisait passer tous les ans dans cette dernière pour plus de six cent mille piastres de fils de coton teints ; ce qui donnait à beaucoup de marchands du pays l'occasion d'y faire des voyages, et qu'il y avait à Ambélaki plus de deux cents personnes qui parlaient passablement l'allemand ; que lui-même, qui se nommait Jean Papa Théodore (fils du prêtre Théodore), avait été plusieurs fois à Berlin, et y avait eu de grandes relations d'affaires avec la fabrique Syburg et avec les banquiers Oppenheim et Wolf. Il nous assura que la ville avait, non pas quatre mille habitans, comme le dit Félix Beaujour, mais bien six mille, dont un tiers était employé dans les ateliers de teinture. Il ne nous fit aucune mention de ces irruptions à main armée que doivent avoir faites sur leur ville les habitans de Larisse, mais seulement de quelques vexations auxquelles elle était de tems en tems exposée de ce côté, et même du côté de Janina, le bras du terrible Ali s'étendant quelquefois jusqu'à eux. Il se plaignait sur-tout du grand dommage que leur causait ce visir, en donnant à dessein du répit aux nombreuses hordes de brigands qui désolaient le pays; qu'ils s'en ressentaient à présent plus que jamais, depuis que le fils d'Ali, ayant épousé la fille de Halil-Aga de Catherin, tous deux s'entendaient et se prêtaient la main; que le motif qui le portait à favoriser ainsi ces hordes albanaises, était que le pacha de Scutari ayant été revêtu de la dignité de Ruméli-Valessi, ou commandant et inspecteur général des possessions européennes de l'Empire sur le continent, Ali voulait montrer que lui seul était en état de protéger dignement et vigoureusement ces provinces; qu'il visait en outre à la domination de Salonique, qui est soumise à un pacha particulier, et que pour cela, il n'était pas fâché que les hordes albanaises et grecques exerçassent aussi la piraterie et troublassent le commerce du golfe; qu'il y avait bien un vaisseau de guerre turc à Salonique, mais que le capitaine, dénué d'activité et de courage, ne croisait que très-rarement; que le nombre des bâtimens armés par les pirates, s'élevait à onze petits et plusieurs grands; que dernièrement ils avaient saisi, devant l'échelle de Claritza, un bâtiment venant de Smyrne, chargé de fil écru pour le compte de plusieurs marchands d'Ambélaki, et ne l'avaient relâché qu'après que, par une capitulation en forme, il se fût racheté pour une forte somme d'argent; que les plus fameux chefs de brigands de ces contrées étaient deux Grecs nommés *Giarra* et *Galéas*; qu'ils avaient cinq cents hommes sous leurs ordres, et exerçaient leur métier très-méthodiquement, tantôt sur terre, tantôt sur mer. Notre primat nous montra une lettre de ces deux chefs de hordes, dans laquelle ils exaltaient leurs actions et leur habileté, s'appropriant le surnom d'*oiseaux de mer*, que les Grecs donnent souvent aux navigateurs dont ils veulent relever le mérite, et dont se qualifient aussi les Idriotes, les Ypsariotes, etc. Ils y exigeaient formellement des contributions et des vivres, prenant le ton de généraux en chef, et menaçant, en cas de refus, de mettre tout à feu et à sang. Le primat ajouta qu'effectivement jusque-là on n'avait osé braver leur courroux, et qu'on avait souscrit à toutes leurs demandes; mais que les habitans venaient enfin de s'armer, bien résolus à repousser une irruption que sans doute ces brigands auraient la prudence de ne pas tenter. Au surplus, il n'était nullement d'avis que nous nous aventurassions jusqu'à l'embouchure du Pénée, comme c'était notre projet, ou du moins il nous conseilla de ne le faire qu'avec les plus grandes précautions.

Si tous les rapports n'attestaient l'exactitude de ce tableau, on serait tenté de croire que les couleurs en sont au moins très-chargées. Mais avec les mauvaises mesures que prend la Porte, jamais elle ne viendra à bout, je ne dis pas de détruire, mais même de tenir en respect les hordes de brigands qui se sont formées en Servie, en Bosnie, du côté de Belgrade et d'Andrinople, et jusqu'aux portes de la capitale; et si l'on a à s'étonner de quelque chose, ce n'est pas que la Grèce soit dans la triste situation où on la trouve effectivement, mais plutôt qu'il soit encore possible d'y voyager. Les partis et corps francs des Albanais s'accroissent et s'enhardissent quelquefois à tel point qu'ils jettent l'effroi dans une ville de neuf mille habitans, comme Athènes. Ce sont les meilleurs soldats du Grand-Seigneur; mais après qu'ils l'ont aidé à combattre ses ennemis, il est presque toujours obligé de commencer contre eux une nouvelle guerre. Une fois qu'ils ont goûté les agrémens du pays où on les envoie, ils ne manquent guères, comme faisaient les peuples du nord du tems des émigrations, de s'y établir et d'en chasser les habitans. La Morée, après la retraite des Russes, en a fait la funeste expérience, ainsi que plus nouvellement le Padischah en Egypte, où maintenant ils sont peut-être plus dangereux pour lui que les Mameluks. Ils ont toujours eu un grand goût pour les contrées de l'Olympe et de l'Ossa, de même que pour la Doride et la Phocide. Qu'on consulte là-dessus les *Voyages de Spon* et de *Chandler*, à qui ils inspirèrent des inquiétudes jusque dans Delphes. J'en ai rencontré dans cette même ville, une troupe avec son buluk-baschi. A Arachova (l'ancienne Cyparisse), à deux lieues et demie de Delphes, nous vîmes les décombres encore fumans d'un incendie de leur façon, qui avait réduit presque entièrement en cendres ce village très-considérable. Pindare ne dirait pas aujourd'hui de ces contrées : « Loin de moi les campagnes de la Crète, théâtre trop fréquent des guerres sanglantes! Délicieuse Cyparisse, reçois mon hommage! Chez toi je ne possède qu'un peu de terre ; mais j'y vis en paix, exempt de larmes et de soucis rongeurs. »

Nous eûmes aussi la visite de plusieurs autres Grecs, qui tous parlaient allemand, et avec lesquels nous nous entretînmes long-tems. Le lendemain je fis connaissance avec le médecin du lieu, Georges Sakellaris, homme instruit, qui avait étudié à Vienne, et traduit en grec moderne plusieurs volumes des *Voyages du jeune Anacharsis*. Il nous montra différentes pièces de monnaie anciennes, dont des paysans lui avaient fait présent, et quelques bonnes pierres taillées, dont il nous permit de prendre des empreintes. Les belles monnaies d'argent sont maintenant moins rares en Thessalie et en Macédoine, que dans la plupart des autres parties de la Grèce, si l'on en excepte Athènes, Sicyon, l'Epire, et principalement Prévèse. Néanmoins, depuis que M. Cousinery a formé sa collection à Salonique, et qu'on l'a vu payer plusieurs de ces pièces un prix très-considérable, elles sont devenues beaucoup plus chères, tous ceux qui en possèdent aujourd'hui sans en connaître la valeur, s'imaginant avoir en main un trésor qu'ils ne sauraient mettre à trop haut prix.

De chez le médecin Sakellaris, nous allâmes trouver le primat, Jean Papa Théodore, qui siégeait à l'hôtel-de-ville avec plusieurs des anciens; car c'etait jour de marché, et il y avait à Ambélaki un concours de monde très-considérable. Il se montra de nouveau très-disposé à satisfaire notre curiosité. La franc-maçonnerie, à ce qu'il nous apprit, s'est aussi introduite dans la vallée de Tempé, et lui-même, je crois, y a fondé une loge. C'est chez lui que nous trouvâmes ces jeunes Drosos dont il a déjà été question. Ils avaient fréquenté les universités de Leipsick et de Jéna; et leur souvenir se portait souvent sur ces tems heureux de leurs études. Ils avaient quitté l'habit allemand, et repris le costume de leur pays, à la cravate près, qu'en cas pareil les Grecs ne manquent pas de conserver, ayant perdu l'habitude d'exposer leur cou à l'action de l'air. Ils se plaignaient, avec un sentiment très-pénible, de ce que peu-à-peu ils voyaient disparaître tout le fruit de leur éducation, et recommençaient même à s'accoutumer aux mœurs brutes de leur pays. Ce qui les humiliait sur-tout, c'est qu'après avoir éprouvé, en qualité de Grecs, un accueil distingué dans les pays étrangers, il leur fallait chez eux, au même titre, essuyer les dédains et subir les caprices de chaque Turc que le hasard leur faisait rencontrer, ou avec lequel leurs affaires les forçaient à entrer en relation. Tandis que nous parcourions la vallée avec eux, nous rencontrâmes un Tartare. Ils auraient bien voulu s'écarter de la route, dans la crainte d'en essuyer quelque insulte : qu'il ne les forçât, par exemple, à descendre de cheval à son passage, ou à lui donner leur pipe, s'il n'était pas content de la sienne. Mais je les retins, n'ignorant pas que les Tartares (courriers) connaissent très-bien les Francs, et les ménagent à cause de l'influence des ministres étrangers à Constantinople. Celui-ci fut effectivement très-poli, et m'envoya le premier son *ourol ourola !* (que cette rencontre soit pour toi d'un heureux présage !) à quoi l'on répond : *Allah rasola urola !* (que Dieu tourne sur ta tête cet heureux présage !) Je ne saurais dire à quel point j'étais touché de l'inquiétude de nos jeunes Grecs. Ils ont, avec quelques autres amis, érigé dans leur ville un petit théâtre de société, où, comme dans tout le reste du monde cultivé, on a donné *Misanthropie et Repentir*, de Kotzebue, qui, comme par-tout aussi, a fait couler des larmes et aiguisé des critiques.

Les teinturiers d'Ambélaki et de Baba ne forment plus, comme cela avait lieu il y a quelques années, une seule compagnie composée de tous les marchands des deux endroits, ce qui leur donnait l'avantage de pouvoir toujours entretenir leurs prix au même taux. Maintenant ils se sont divisés en cinq sociétés principales, objets de jalousie l'une pour l'autre, et qui se nuisent par la concurrence. Un fabricant qui me servit de *cicerone*, me fit remarquer comme quoi, avant de teindre le fil, ils le faisaient blanchir dans la vapeur, et me dit, en se rengorgeant, que les Français s'attribuaient la gloire d'avoir inventé nouvellement ce procédé, tandis qu'il était usité chez eux depuis un tems immémorial.

Mais il est tems de terminer cette lettre ; et même de quitter la vallée de Tempé. Vous m'aviez demandé des détails, et vous voyez que je ne vous les ai pas épargnés.

LETTRE IV.

Peu d'hommes, Madame, ont le sentiment des véritables beautés de l'art et de la nature en général. Mais il en est très-peu sur-tout qui portent un jugement sain sur la beauté d'une contrée ou d'une vue. Contens de trouver de hautes montagnes, des eaux spacieuses et des arbres touffus, seuls ingrédiens, selon eux, et seule condition nécessaire d'un paysage parfait, la plupart s'inquiètent peu de l'ordre qui règne dans ces objets divers; semblables à tant d'autres aux yeux desquels une paysanne aux joues fraîches et bien remplies, égale, si elle ne surpasse, les plus belles Madones de Raphaël.

Or, s'il n'est pas douteux qu'une expression noble, une physionomie animée, un caractère prononcé, ne nous charment infiniment plus dans un visage, que les formes régulières d'une statue idéale, dénuée de ces avantages, il ne l'est pas moins que la même différence existe par rapport aux points de vue ; comme en général on pourrait suivre avec la plus grande justesse dans toutes ses parties, cette comparaison de la beauté de l'homme et de celle d'une contrée. Sans doute que la fraîcheur de la jeunesse aura toujours quelque attrait pour les sens, de même que l'éclat du printems et la rosée du matin prêteront toujours quelque charme à une contrée. Mais ce n'est pas tout ; proprement même c'est peu, et on aimera mieux la voir dépouillée de cette parure, que privée d'autres charmes moins passagers et plus essentiels, quand même ils ne seraient pas parfaits.

Quant à moi, d'après ce que l'expérience m'a appris, il me semble que pour bien juger d'un paysage, il faut l'examiner sous trois points de vue principaux :

1.° A-t-il un caractère déterminé qui résulte de ses formes, et qui ne doit pas être trop général ?

2.° Rassemble-t-il un grand nombre de beautés de détail ?

3.° A-t-il du coloris ?

Ajoutons encore à ceci des effets passagers et rapides, mais souvent très-remarquables, et ce qu'une contrée a de classique, c'est-à-dire le souvenir des événemens dont elle a été le théâtre. Si ces événemens nous intéressent, et que leur souvenir réveille en nous des cordes sensibles, nous nous trouvons prévenus d'avance en faveur de cette contrée, et plus disposés par conséquent à y rencontrer quelque chose qui nous plaise.

Permettez-moi maintenant d'éclaircir et de développer un peu mes divisions principales ; car bien sûr que vous me comprendrez, je me plais à m'expliquer devant vous, tandis que beaucoup d'autres, je n'en doute pas, trouveraient mes distinctions pour le moins beaucoup trop subtiles. Une fois que mes points seront assez bien posés pour que je puisse m'y référer sans difficulté, je vous proposerai de vouloir bien me suivre dans quelques parties de la Grèce.

Il n'y a pas moins de variété dans le caractère des contrées que dans celui des hommes; toutes ne font pas sur tous la même impression, et celle qui est attrayante pour l'un, souvent est repoussante pour l'autre. Aussi ne puis-je supporter ces questions vagues que l'on fait si fréquemment aux voyageurs : « où vous êtes-vous « plu de préférence ? » les réponses étant nécessairement tout aussi vagues, et ne pouvant jamais être satisfaisantes. On sait qu'après la position d'Erivan, la plus belle que Tavernier eût vue dans tous ses voyages, il ne trouvait rien au monde qui fût comparable à celle d'Aubonne, où il acquit effectivement une possession : conclure de là qu'Aubonne sur le lac de Genève, et Erivan en Perse, sont les deux plus beaux points de la terre, serait tout aussi peu raisonnable que de prétendre que chacun, sans examen, dût donner la pomme à la beauté qui aurait fixé le choix d'un homme de goût. Mille circonstances viennent ici apporter de très-grandes modifications : la situation individuelle, la disposition actuelle de l'esprit, l'état de la santé, une longue habitude, embellissant tout pour les uns, empoisonnant tout pour les autres, et enfin même le patriotisme.

Les uns ne se plaisent que parmi des rochers escarpés et sauvages, qui, entassés les uns sur les autres à une hauteur effrayante, menacent à chaque instant de s'écrouler sur leur tête. Il leur faut de la confusion et de l'horreur, des torrens qui se précipitent avec fracas, des eaux qui s'engouffrent dans d'étroits passages. Pour eux la mer n'a jamais assez de mugissemens et d'écume, et c'est en vain qu'elle leur étalerait le spectacle de sa vaste magnificence, si elle ne leur offrait des vaisseaux ballottés par la tempête, et prêts à s'engloutir dans les abymes. C'est ainsi que Salvator Rosa et Tempesta, et quelquefois aussi Rubens, consacraient de préférence leurs immortels pinceaux à la représentation de ces grands effets de la nature.

D'autres, au contraire, se sentent dans l'angoisse, et ne sauraient respirer librement, s'ils ne voient se dérouler devant eux des plaines immenses, un horizon sans bornes et des lacs unis comme une glace.

Les pâturages de la Flandre offrent l'image de la plus abondante fertilité. Là le gras bétail est à moitié caché dans le treffle et dans les fleurs des prairies; on croirait que la baguette desséchée va verdir de nouveau et pousser encore des rejetons, si on la plante dans ce sol vivifiant. Tels sont aussi entre Pise et Lucques les vergers et les champs de maïs et de blé, et les montagnes qui, jusqu'à leur sommet, sont revêtues d'oliviers et de châtaigniers. Le revers de l'Etna, du côté qui fait face à Messine, reunit à ce riant aspect celui de la grandeur et de la puissance. Ce sont ces vastes prairies et ces gras pâturages que le pinceau de Paul Poter a dérobés à la nature, de même que Pinacker, Both et Schvanenfeld lui ont emprunté ces forêts, dont l'aspect inspire l'ardeur de la chasse.

En Hollande, en Angleterre, dans le Milanez et dans quelques parties de la France, c'est un certain caractère de gaîté, un aspect d'aisance et de bonheur domestique, qui nous attire et nous charme.

Les rives du Rhin offrent en plusieurs endroits, des scènes qui semblent faites pour des romans et des aventures de chevalerie.

Quoi de plus poétique, quoi de plus propre sur-tout à élever l'ame vers les idées religieuses, que la fontaine de Vaucluse, la Valombrosa en Toscane, où vécut longtems Saint-François d'Assise, et où il reçut les stigmates; Frascati, Marino, Tivoli et ses environs? C'est là que se formèrent les Poussins et les Caraches, et qu'ils s'élevèrent à la hauteur de ces compositions qui respirent le feu du génie.

La situation de Constantinople et de Naples convient à des villes impériales, destinées à étendre leur domination sur la terre et sur les mers.

Partez au contraire de Venise, et rendez-vous à Vienne par Pontebbie et Klagenfurth, on ne manquera pas de vous dire que vous avez traversé un beau pays, et à cela il n'y a rien à objecter. Rivières, forêts, champs, vallons, côteaux, tout s'y trouve, et cependant rien d'imposant, rien de piquant dans ces contrées, rien qui les grave dans la mémoire, ou qui les distingue de mille autres. J'en dirai autant de plusieurs parties de la Franconie et de la Saxe électorale. Si quelquefois elles plaisent, c'est tout au plus parce qu'elles rappellent de plus belles vues.

Opposez-y maintenant Rome et sa campagne. Ne vous semble-t-il pas voir imprimés sur ce sol le courage et les sentimens du plus grand peuple du monde? Sortez par la porte de Saint-Jean-de-Latran : vous avez à votre gauche des aqueducs dont l'architecture n'offre rien de remarquable ; la ville derrière vous ; de l'eau nulle part ; autour de vous une campagne stérile, une végétation sans force, point d'arbres, point de villages, pas même de maisons ; à quelques milles de distance, les montagnes du Latium : sur ces montagnes, Frascati et Tivoli ; mais comme des points blancs dans lesquels vous ne sauriez rien distinguer. Et cependant quelle noblesse ! quels contours ! comme tout cela se déroule doucement et va se perdre en serpentant vers l'horizon ! Quelles grandes lignes et quel effet inexprimable elles produisent ! Ce n'est aussi que dans ces formes générales que gît ce qu'on appelle l'historique d'un paysage, ce qui le rend propre à servir de théâtre à de grands et mémorables événemens, et c'est ce qu'ont saisi éminemment bien les Nicolas Poussin, les Dominicain et les Carache. Il ne serait pas possible de démontrer ce que je dis ici, il serait même difficile de trouver des raisons pour l'appuyer. Je ne doute pas que, parmi les héros que l'histoire a transmis à notre souvenir, plusieurs n'aient eu des nez retroussés ; mais si nous voulons nous en représenter un dont les traits nous sont inconnus, à coup sûr nous lui donnerons un nez droit ou aquilin. Les Horaces et les Curiaces auraient bien pu combattre tout aussi vaillamment dans la marche sablonneuse du Brandebourg, que dans la campagne entre Rome et Albe; mais le peintre qui pourra disposer de sa scène, ne s'avisera pas de la placer dans des champs aussi peu pittoresques.

Ce que j'entends par des beautés de détail est d'une plus grande évidence. Souvent on promène ses regards sur un espace dont l'ensemble n'offre rien d'attrayant. Mais qu'on vienne à le parcourir plus en détail, à chaque pas on rencontre quelque chose de riant et d'aimable, et ce sont là les contrées que l'on préfère pour y fixer son séjour. Tantôt c'est un arbre antique, mais dont la sève a conservé sa verdeur, et où de nombreux oiseaux viennent établir leurs nids et faire entendre leur ramage; tantôt un ruisseau murmurant sous l'ombrage, et dont les bords couverts d'un épais gazon invitent à s'y reposer; ici des maisons agréables et des vergers fleuris où le papillon se plaît à voltiger; là des ruines sauvages servant d'asile aux cigognes.

Il y a des morceaux d'effet qui plaisent

par leur bizarrerie ou par les contrastes qu'ils présentent : telle, par exemple, une ville qui, comme Venise, semble sortir du sein des eaux ; tels ces rochers à forme pyramidale, et qu'un jeu de la nature s'est plu à poser sur la pointe. Quelquefois ils sont le produit d'un instant, comme ces rayons de soleil perçant au travers d'un ciel orageux, et dont Ruisdael a si admirablement bien saisi l'effet ; ou une mer qui paraît toute en flammes ; ou ces légers nuages répandus dans le ciel comme un troupeau dans la campagne, la Fata Morgana en Sicile ; ou ce joli effet que j'aperçus une fois en Franconie, dans l'abbaye des bénédictins de Bantz, entre les vallées du Mein et de l'Itz. Ce couvent est situé sur une hauteur considérable, et entouré d'autres pointes de montagnes sur lesquelles on voyait de nombreuses processions de pélerins des deux sexes, bien parés, chantant des cantiques, et précédés de croix et de bannières ; en même tems une vapeur blanchâtre et ondoyante, imitant le balancement des vagues, dérobait la vue des vallons qui formaient les intervalles ; de sorte que ces crêtes couvertes de monde, ressemblaient à des îles élevées, du haut desquelles ces pieux pélerins descendaient tranquillement dans les flots, où ils disparaissaient à l'instant.

Et cependant les formes les plus riches laisseraient encore un paysage imparfait, s'il lui manquait l'éclat et la pompe des couleurs, si son sol était blanchâtre, ses rochers jaunes et froids, sa verdure terne et fanée. Rome sera toujours pour moi l'idéal de tout ce qu'il y a de plus parfait dans le coloris d'un paysage, et servira à jamais d'étude aux artistes jaloux de se distinguer. Un léger duvet semble y couvrir toute la nature, semblable au velouté délicat de la prune, qu'un léger souffle dissipe; de la chaleur jusque dans la lumière du midi, et quel feu dans celle du matin et du soir! Ce qui ailleurs n'est que jaune et rougeâtre, ici est éclatant d'or et de pourpre. Ce sont ces teintes chaudes que le pinceau magique de Claude Lorrain a imitées avec une si étonnante perfection, que tantôt il nous fait sentir la chaleur brûlante du jour, lorsque le bétail hâletant va chercher du soulagement dans une onde fraîche, tantôt celle plus douce d'une belle nuit d'été, tantôt cet air tiède des derniers momens du crépuscule. Je ne veux pas trop arrêter ma pensée sur le spectacle enchanteur du soleil couchant, dont j'ai si souvent joui à la Villa Mellini, à Madama et à Lanti. Je pourrais me désespérer trop vivement d'avoir été placé par le sort dans les pays au-delà des Alpes.

Vous vous rappelez peut-être du trajet que je fis une fois de Messine à Civita-Vecchia. Lorsqu'on a passé les côtes de Naples et qu'on se trouve à la vue de celles de Rome, vis-à-vis de l'embouchure du Tibre et d'Ostia, on peut clairement distinguer ce changement de couleur à l'avantage du territoire romain.

Près de la petite ville d'Albenga, dans la rivière du Ponent de Gènes, la campagne me parut avoir le même coloris ; et les montagnes cette teinte bleue que plusieurs des anciens maîtres italiens donnaient aux lointains de leurs tableaux. Ceci provenait, de même qu'à Rome, d'une atmosphère saturée d'humidité, Albenga étant située dans un bassin, et entourée d'une grande quantité d'eau.

Commençons maintenant notre voyage

pittoresque dans l'Asie Mineure, l'Archipel et la Grèce, en suivant à-peu-près le même ordre dans lequel j'ai parcouru ces contrées.

La première ville que je visitai dans le Levant, ce fut Smyrne, « le grand flambeau de l'Asie, » la plus belle, selon Philostrate, entre toutes celles que le soleil éclaire; elle domine la mer, et des zéphyrs se jouent autour de ses sources. Les anciens se trompaient rarement, quand ils assignaient tel ou tel caractère à un pays; car ils passaient la plus grande partie de leur vie dans les observations, y apportaient un œil vigilant et éclairé, et ne craignaient jamais de dire ce qu'ils avaient vu. Or c'était celui du luxe et de la mollesse qu'ils assignaient aux colonies Ioniennes et de l'Asie Mineure. Aussi une douce indolence était-elle le trait principal des mœurs de l'heureux habitant de ces contrées. Ils cultivaient à la vérité avec le plus grand succès la poésie et les sciences, la peinture et la sculpture; mais l'agrément et le plaisir étaient le premier but de leur vie, et non la vertu et la liberté. Ils ne surent jamais maintenir leur indépendance, comme les

Grecs de la mère-patrie et de l'Archipel. Tantôt ils étaient soumis aux rois de Perse, tantôt à des tyrans sortis de leur sein. Ils trouvaient plus commode de raconter les actions héroïques, que de les exécuter. Milet doit avoir inventé l'histoire; Halicarnasse en produisit les pères. Des contours gracieux, une mer d'un bel azur, un ciel pur, un air caressant, les fruits les plus fins, les légumes les plus délicats [1], des vallées

[1] Les figues et les raisins de Smyrne sont célèbres, même chez nous, par le grand commerce qui s'en fait; les grenades de Narlikeu et les cerises de Nyf ne sont pas moins délicates; les melons de Cassaba, à six lieues de Smyrne, passent pour les meilleurs de l'Asie Mineure; les oranges ne le cèdent guères à celles de Chio. Au pied de la citadelle sont situés plusieurs jardins dont on tire des fruits et des légumes d'une bonté extraordinaire. Il semble que le sol donne à toutes ces productions une saveur particulière; mais du reste, leurs différens fruits ne sont pas aussi précoces qu'on pourrait se l'imaginer, parce qu'ils n'entendent pas l'art de les hâter. Ce ne fut que le 24 mai que le canon du château annonça la coupe des premiers concombres, qui furent expédiés au Grand-Seigneur dans des *piadés*, bâtimens à rames et marchant très-vîte. C'est ainsi que chaque ville, comme chaque île, fait passer au Sultan les prémices de ce qu'elle produit de plus renommé.

riantes coupées par des montagnes que Pline dit être les plus magnifiques qu'il y ait dans cette partie du monde, dont l'aspect n'a rien d'effrayant, et qui protègent contre l'ardeur du soleil et la violence des ouragans; telles étaient, du côté de Smyrne, les contrées de l'Asie Mineure, et telles elles sont en général. Il est vraisemblable que l'ancienne ville était à la place où est aujourd'hui le village de Burnabad, la plus agréable habitation d'été des Francs et des riches Grecs, dans une situation un peu élevée, assez près de la mer pour en avoir la vue, assez loin pour n'avoir pas l'ennui de son éternel murmure. C'est ici que passait le Mélès, comme le prouve l'inscription con-

Narlikeu envoie ses grenades, Chio ses petits pois, et ainsi du reste. Le *Khiaja*, ou chargé d'affaires de la Sultane Validé, fit passer, il y a quelques années, à sa maîtresse, des concombres de Smyrne, qui arrivèrent plutôt que ceux de l'Empereur son fils, de sorte qu'elle fut dans le cas de lui en présenter elle-même, lorsqu'il se préparait à lui en faire la surprise. Peu s'en fallut que cette galanterie de la Sultane ne devînt funeste au pauvre juif dont elle accusait la négligence; et ce ne fut pas sans peine qu'elle parvint à soustraire la tête du coupable à la colère de son fils.

nue de la Mosquée [1]; et il résulte d'un oracle cité par Pausanias [2], qu'Alexandre,

[1] On lit sur une colonne enduite de vernis :

ΥΜΝΩ ΘΕΟΝ
ΜΕΛΗΤΑ ΠΟΤΑΜΟΝ
ΤΟΝ ΣΩΤΗΡΑ ΜΟΥ
ΠΑΝΤΟΣ ΔΕ ΛΟΙΜΟΥ
ΚΑΙ ΚΑΚΟΥ
ΠΕΠΑΥΜΕΝΟΥ.

« Je chante le dieu du fleuve Mélès, mon sauveur, main-« tenant que la peste et tous les autres fléaux ont disparu. »

A une lieue derrière Burnabad, dans une espèce de désert, non loin des grottes du Mélès et d'un lac, on montre, dans un rocher assez élevé, les grottes qu'Homère a, dit-on, chéries de préférence, et dans lesquelles on prétend qu'il a composé une partie de ses immortelles poésies. Au haut de ce rocher, qui n'est pas fort difficile à gravir, on reconnait, à ne pouvoir s'y méprendre, les traces d'un cénotaphe, qu'on croit être celui du poëte, auquel on sait que long-tems après sa mort les habitans de Smyrne accordèrent les honneurs divins. J'ai visité plus d'une fois ce lieu, et jamais sans le plus vif intérêt. De l'autre côté de la rivière sont des cabanes de Turcomans. Les grottes servaient de retraites à des porc-épics. Nous trouvâmes plusieurs de leurs pointes qu'ils y avaient laissées. Pausanias (*a*) dit succinctement : « Près de Smyrne est le fleuve Mélès,

[2] Ach. l. VII.

(*a*) Liv. VII. Ach.

fils de Philippe, sur l'inspiration d'un songe, et après en avoir délibéré avec l'oracle de Claros, transporta effectivement la ville sur le bord de cette rivière. « Trois et quatre fois « heureux ceux qui habitèrent le Pagus, de « l'autre côté de la rivière sacrée du Mélès! »

Le village de Bournabaschi, situé non loin de là, est de toute beauté. De nombreuses sources d'une eau argentée y réfléchissent des groupes de platanes. Narlikeu, entouré d'un bosquet de grenadiers, est également beau, soit qu'il déploie la pompe de ses fleurs, ou qu'il étale la richesse de ses fruits.

« qui a les plus belles eaux. Dans la caverne près de « la source, Homère doit avoir composé ses poé- « sies. » Je ne dois pas omettre ici une circonstance singulière et fort intéressante. Il n'est pas d'ami de l'antiquité et des arts, qui ne connaisse le bas-relief représentant l'apothéose d'Homère, qu'on voyait autrefois à Rome, dans le palais des Colonna, et qui maintenant est en Angleterre. Le poëte, les Muses et toutes les figures allégoriques y sont placées sur une montagne, et cette montagne, ainsi que la grotte, que l'artiste s'est bien gardé d'omettre, et dans laquelle il a placé deux Muses, sont des représentations exactes de la grotte et du rocher d'Homère, derrière Burnabad. Dans l'*Admiranda romana*, l'apothéose d'Homère, par Archélaos, fils d'Apollonius de Priène, se trouve à la 81.e planche.

N'omettons pas la plaine de Nyf ou Ninfia[1], dans une forêt de cerisiers, entourée de la montagne du Pagus, de celle du Sypile, où l'on croit encore distinguer l'image en pierre de Niobé, et qui de là se prolonge vers le nord, et du Tmolus, qui fournit de l'or, et dont la cime, dite Tempsis, jouit d'un air si pur, que ceux qui l'habitent atteignent, au rapport de Mutien, leur cent cinquantième année[2].

Voici, parmi les villes de l'Asie Mineure, celles dont la situation a fait le plus d'impression sur moi :

Brussa, la résidence des empereurs avant leur dégénération. On voyait encore, il y a

[1] A Nif on choisit dans les bosquets de cerisiers des branches délicates dont on fait des tuyaux de pipe, que l'on expédie en grande quantité à Constantinople et dans tout l'empire. C'est ce bois qu'on estime le plus pour les longs tuyaux, et ensuite celui de jasmin. J'ai vu dans un jardin à Tyra, des jasmins qu'à cet effet on faisait monter en espalier. On pratiquait des arcades pour leur donner plus de facilité à s'étendre. Les plus longs de ces tuyaux pouvaient avoir huit à neuf pieds de long. Mais on regarde beaucoup à ce qu'ils soient droits et sans nœuds, et à ce qu'ils ne se déjettent pas.

[2] Pline, VII.

très-peu d'années, dans ses campagnes, des troupeaux de la race de ceux que le sultan Orkan avait fait paître lui-même. L'Olympe sur lequel elle s'appuie, la vigueur de la végétation, les mûriers nains sur lesquels la vue plonge comme sur une plaine, les bains chauds enfin dont un poëte turc a dit « qu'ils découlaient de la source du para-« dis, » tout contribuait à lui donner à mes yeux un charme particulier.

Sardes, avec sa citadelle en ruine, et le temple de la Grand'mère. A la place où les Perses, instruits par un accident fortuit, l'escaladèrent un jour avec tant d'audace, j'ai vu paître les plus beaux troupeaux de chèvres aux oreilles pendantes, et légères comme des biches.

La plaine d'Éphèse, toute jonchée de ruines, à travers laquelle le Caystre, couvert de cygnes, parcourt sa carrière en formant des sinuosités sans nombre, remarquable déjà lorsque les dieux de la Grèce y régnaient encore, plus remarquable depuis par l'histoire des apôtres, et par le souvenir des premiers tems du christianisme [1].

[1] Dans l'Apocalypse, Ephèse est menacée de la perte de son flambeau et de sa lumière, et on a déjà

Mais qu'y a-t-il de plus intéressant que la Troade, qui d'ailleurs, ainsi que les campagnes de Magnésie sur le Sypile, offre tous les signes d'une grande culture et d'une extrême fertilité ? Les belles et vénérables forêts du mont Ida fourmillent de gibiers de toute espèce ; mais il n'est pas rare non plus d'y rencontrer des bêtes féroces. C'est ici qu'au travers de Bairamitsch coule le Scamandre ou le Simoïs, comme

remarqué, dans plusieurs descriptions de voyage, que la menace a été accomplie dans toute sa rigueur. Le village turc d'Ayasolouk, qui est près de là, est misérable et insignifiant ; je n'y trouvai qu'un chrétien grec, boulanger de profession, et ses garçons. Les Turcs vont aussi en pélerinage à la grotte des Sept-Dormans. Celle qu'on montre est bien étroite ; et si c'était réellement celle-là, il faudrait que ces malheureux y eussent été horriblement pressés. Au milieu des ruines du temple de Diane à Ephèse, des Turcomans avaient dressé leurs tentes rondes et construites en feutre. Une très-forte pluie nous ayant surpris, les femmes qui s'y trouvaient nous y offrirent un asile, et les hommes n'ayant pas tardé à rentrer, nous traitèrent aussi fort amicalement. Quoique Mahométans, ils sont loin d'être à l'égard de leurs femmes aussi jaloux que les Turcs, et elles ne portent point de voiles ; mais ils sont regardés comme une caste inférieure.

il plaira de le nommer. Son lit est large et son courant accéléré par de légères cascades sur des rochers. Son eau est limpide et passe pour très-salutaire. De Constantinople même des malades viennent la boire [1].

[1] Ida vient de *voir*, et s'applique, selon Helladius, à toutes les montagnes dont la vue embrasse beaucoup de pays; selon Suidas, à toutes les forêts dont l'aspect est agréable.

Milord Aberdeen, qui a passé plusieurs jours à Bairamitsch, et qui a parcouru le Gargarus et les forêts avec le commandant Osman-Aga, est persuadé que le large fleuve dont il a visité les deux sources, n'est autre que le Scamandre. Ces deux sources sont situées à une très-grande hauteur, et distantes de Bairamitsch d'environ sept lieues; les grottes d'où elles jaillissent sont d'un accès très-difficile. Il plongea dans leurs eaux son thermomètre de voyage, et trouva entre les deux une différence sensible de température, la moins froide ayant marqué 60 deg. de Farenheït, l'autre 40. Les sources près de Bournabaschi au contraire, que généralement on regarde comme celles du Scamandre, n'offrent à cet égard aucune différence entr'elles, comme je m'en suis assuré par moi-même; car l'observation qu'on a faite qu'elles paraissent au toucher plus chaudes en hiver qu'en été, ou même qu'elles produisent de la fumée, pourrait s'appliquer à presque toutes les sources; et d'ailleurs ce qu'on demande c'est que « l'une soit

Les hauteurs de Priène sont aussi fort belles, et rien n'est plus riant que la vue de la vallée du Léthé, prise de la montagne près de Magnésie sur le Méandre, où se trouvait le temple révéré de Diane au front blanc, (Leukophrine) la déesse tutélaire de Thémistocle.

Mais tout est effacé par l'aspect de grandeur et d'abondance qu'offre Milet, aujourd'hui Palatcha, et sa campagne couverte de lauriers-roses et d'agnus-castus. Des palmiers qui s'élèvent jusque par-dessus la coupole d'une mosquée, ombragent la rive sinueuse du Méandre qui l'arrose. Le Latmus qu'on aperçoit dans le lointain, et que la lune se plaît encore à caresser de ses

froide et l'autre plus chaude.» D'après Hérodote, c'est la source qui est située fort haut sur l'Ida, qui doit être le Scamandre, mais non pas celle qui est à quelques lieues de distance du rivage de la mer (*a*).

(*a*) Le lecteur pourra prendre de plus amples connaissances sur ces sources, dans l'excellent ouvrage de M. Lechevalier, où il rapporte dans une note (tom. 2.e p. 196) l'opinion des savans MM. Clark et Crips, qui ont aussi visité ces sources. (*Voyage de la Troade*, 4.e édition, 3 vol. in-8.o et atlas in-4.o; Paris, Dentu, 1802.)

(*Note du traducteur.*)

rayons, comme si le berger y reposait toujours; le lac Biblis, dont les joncs sont habités par des oiseaux du plumage le plus varié; les ruines de cette ville opulente servant de retraite à des cygognes; des troupeaux de chameaux qui paissent et de buffles qui se reposent sous les voûtes de son immense théâtre; un coloris dont la vivacité égale celui de la campagne de Rome; tout y porte l'imagination à créer, en se jouant d'agréables fictions, et c'est aussi là que prirent naissance les contes milésiens.

La population de Milet était immense, et allait toujours croissant à un degré incalculable. Elle compta jusqu'à quatre-vingt colonies, toutes sorties de son sein. Outre des philosophes, des astronomes, des historiens et des artistes distingués, la Grèce lui dut la plus aimable de ses femmes. Enfans gâtés de la nature, ses heureux habitans goûtaient d'avance les délices de l'Elysée. Les laines les plus fines, teintes des couleurs les plus éclatantes, leur servaient d'habillement, et les mets les plus exquis avaient seuls le droit de couvrir leurs tables. Nul parfum n'égalait celui de leurs guirlandes, et leurs roses à douze feuilles étaient les plus belles du monde.

Je vous ai promis, Madame, de ne m'arrêter jamais long-tems dans les mêmes contrées ; ainsi je dois quitter ces beaux pays dont je viens de vous entretenir, et me préparer à m'embarquer pour les îles de l'Archipel. Je voudrais bien pouvoir, sans altérer la vérité, vous présenter ici d'aussi agréables tableaux. Mais je crains au contraire que, dégoûtée du voyage, vous ne m'ordonniez bientôt de vous mener promptement au Pyrée.

LETTRE V.

Vinkelmann aimait à se bercer dans de riantes fictions, qui servaient d'appui à son système, et pour peu que les erreurs lui fussent favorables, il se mettait peu en peine de les écarter ou de les rectifier. S'il avait lu attentivement les bonnes descriptions modernes de la Grèce et de l'Archipel, et qu'il eût eu égard à ce qu'a avancé Tournefort, qui ne trompe jamais, et qui est encore aujourd'hui le meilleur, je dirais presque le seul que l'on puisse consulter avec fruit, il se serait certainement gardé de hasarder des jugemens, tels que dans son Histoire de l'Art [1] : « Le ciel est en « Ionie et *dans les îles de l'Archipel*, « à cause de leur situation, beaucoup plus « serein, et la température, qui tient le « milieu entre le chaud et le froid, beau- « coup plus constante et plus égale que « dans la Grèce elle-même, et sur-tout « dans les contrées maritimes, etc. qui, « ainsi que toute la côte méridionale de

[1] Page 23.

« l'Italie, sont très-exposées au vent brû-
« lant de l'Afrique, (le scirocco). »

Si toute cette description n'était pas fondamentalement fausse, il serait assez difficile de concevoir en vertu de quel privilége les côtes étant sujettes à ce fléau, les îles s'en trouveraient exemptes.

Le vent de terre est si dangereux à Candie, que quelquefois il renverse et étouffe les personnes qu'il saisit en plein champ. Aussi a-t-on déjà pensé plusieurs fois, pour cette raison, à évacuer entièrement la Canée, (aujourd'hui la principale place de commerce).

Dans plusieurs des îles de l'Archipel que je visitai, je trouvai qu'à la suite du violent vent de nord qui règne pendant tout l'été, les arbres et les arbrisseaux, du côté qui s'y trouve exposé, étaient languissans et dépouillés de feuilles, et que toutes leurs tiges étaient inclinées vers le sud. Beaucoup de gens souffrent alors des douleurs de tête très-aiguës. Ce sont là ces vents étésiens si incommodes à tous les navigateurs qui vont du midi au nord. Démosthènes exhorte les Athéniens à se hâter de mettre à la voile avant la fin du printems, sans quoi les vents de nord ne leur permettraient plus de porter à la Chersonnèse du secours contre Philippe [1]. Dans l'été de 1802, les ouragans furent si violens du côté de Miconi, que j'entendis les habitans se plaindre de ce que, pendant trois mois, aucun vaisseau n'avait pu y aborder.

La tramontane, ou vent de nord, obscurcit quelquefois à un tel degré l'horizon, qu'on peut à peine voir à quelques centaines de pas devant soi, comme moi-même en 1803 j'eus occasion de l'observer à Tine pendant treize jours. A peine pouvait-on distinguer Syra et Miconi, qui en sont à une si petite distance. Souvent, en hiver, elle apporte d'épais brouillards et de si fortes averses de neige, qu'on est exposé à chaque instant à donner contre les écueils [2].

Les vents déterminent entièrement la

[1] 8.e Phil.

[2] L'Archipel est très-dangereux en hiver. Denis le géographe prétend qu'il n'y a point de mer dont les vagues s'élèvent si haut; parce que, ne pouvant s'étendre au loin, elles se brisent avec violence contre les îles si rapprochées l'une de l'autre.

température du Levant. Il en est sans doute à-peu-près de même par-tout ; mais comme là on y est plus exposé, et que les variations en sont plus subites, l'effet immédiat en est aussi plus sensible. Dans un instant, en Epire, un coup de vent de nord couvre les montagnes de neige, et en vingt-quatre heures le scirocco la fait disparaître. La tramontane, dans l'Archipel, cause souvent des froids assez vifs au milieu de la canicule. A Constantinople, il n'est pas rare qu'un froid rigoureux succède immédiatement en hiver, à une chaleur accablante, de même qu'on y a vu de la neige au mois de juin ; et les Turcs ont coutume de dire « qu'à Stambol l'hiver et « l'été se donnent toujours la main. » Aussi les oliviers n'y réussissent-ils point, et les orangers ne s'y conservent dans la mauvaise saison, que s'ils sont couverts avec soin, ou à l'abri dans les maisons. Lorsqu'à Constantinople, pendant un froid violent, le vent de sud vient à souffler, le froid n'en continue pas moins à se faire sentir, ou même à croître pendant plusieurs jours, jusqu'à ce que le vent qui traverse l'Olympe glacé de la Bythinie, ait fini par prendre le caractère de chaleur qui lui est propre. D'ailleurs on trouve plusieurs exemples dans l'Histoire Byzantine, que le canal de Constantinople ait été entièrement fermé par les glaces.

Au printems, les îles de l'Archipel offrent un gazon d'un beau vert, semé d'anémones et de beaucoup d'autres fleurs. Mais au mois d'août, pendant la durée des vents de nord, tout est comme frappé de sécheresse, et ce n'est qu'en automne que l'herbe commence à renaître dans les champs. A la vérité il est rare que la gelée soit forte dans les îles; et la neige, quand il en tombe, se fond au bout de quelques heures. Mais la pluie et l'humidité durent souvent tout l'hiver. Tournefort éprouva pendant plusieurs mois cette température à Samos et dans les îles circonvoisines. « Outre la pluie, dit-il, qui conti-
« nua jour et nuit pendant le reste du mois
« (février), les vents du sud (scirocco)
« firent un étrange ravage; ils n'enlevaient
« pas à la vérité les toits des maisons, car
« elles sont en terrasse, mais ils renver-
« saient les maisons même, et sur-tout
« celles de la campagne, qui leur donnaient
« plus de prise; la mer était comme en

« feu ; il tonnait d'une manière effroyable. »

Et plus loin il ajoute :

« Les pluies continuelles et les vents « contraires nous arrêtèrent jusqu'à la mi- « mars. C'était un petit déluge, et l'on ne « voyait couler que ruisseaux, des monta- « gnes qui, dans toute autre saison, parais- « sent comme calcinées ; c'est ce qui avait « fait donner à cette île le nom de *Samos*, « (terre sèche et sablonneuse). »

Plusieurs de ces îles sont mal-saines et comme empestées, nommément Samos et Milo ; et sur la première, principalement la plaine de Chora, comme sur la seconde, le rivage de la mer avec ses marais salans. Dans plusieurs aussi la disette de bois se fait fortement sentir. Quand le froid est trop sensible, on y brûle le lentisque et d'autres arbrisseaux.

Si généralement, sous le rapport de la température, les îles de l'Archipel ne peuvent être comparées à l'Ionie et au continent de la Grèce, elles ne le cèdent pas moins du côté de la nature du sol. Quoi de plus sauvage sur-tout que la plupart des îles à brisans ! elles n'offrent que des rochers dépouillés, qui semblent échappés aux ravages d'une grande inondation, et pourraient servir de témoignage au rapport que fait Diodore de l'antique irruption de la mer Noire, lorsque de lac qu'elle était primitivement, selon lui, elle s'ouvrit violemment un passage dans l'Hellespont.

On connaît la description que fait de l'île de Délos, Antipater de Thessalonique [1], et parmi les Cyclades inhabitées, elle est effectivement une des plus désagréables. Les ruines même y restent sans effet, et n'y produisent pas cette impression que partout ailleurs elles commandent.

L'on sait aussi que, du tems des Romains, plusieurs des îles de l'Archipel servaient de lieu d'exil à ceux qu'on voulait faire périr de chagrin et d'ennui, et tout le monde connait le mot de cet Athénien à un habitant de Sériphe, rapporté par Plutarque, dans son *Traité du Bannissement*. L'Athénien entendant dire à celui-ci que chez eux toute tromperie était punie par le bannissement: Et comment, lui répondit-il, ne t'es-tu pas encore rendu coupable de quelque tromperie, afin d'échapper à cette prison?

[1] Anthologie grecque.

Tel est à-peu-près le climat des îles, et sur-tout des Cyclades. Cependant Chio et Métélino (*Lesbos*), que les anciens nommaient aussi les *îles Fortunées*, sont agréables, et jouissent, ainsi que Cos et Naxos, d'une végétation riche et précoce.

Vitruve remarque [1], « qu'à la vérité « la ville de Mitilène était d'une belle « architecture, mais que la situation en « était fort mal choisie ; car, dit-il, si le « vent du sud y souffle, ils se trouvent mal ; « ils toussent si le corus (N. O. tiers de « nord) y règne. Le vent du nord les réta- « blit à la vérité ; mais alors en revanche ils « ne peuvent presque endurer le froid, ni « dans les rues ni dans les places publiques. »

Du reste, les montagnes de Métélino ne sont pas sans fraîcheur, et sont en plusieurs parties assez bien garnies de bois.

Chio, bien que sauvage, ne manque pas de beautés de détail, telles que la vue de la fontaine d'Hélène, dont les bassins sont de marbre, et dont l'eau est froide comme la glace ; et celle de la soi-disant école d'Homère, ombragée par de superbes mûriers. La campagne autour de la ville est admi-

[1] L. I. chap. VI.

rable pour sa fertilité et ses beaux jardins ; et rien n'est plus singulier que l'aspect des villages à mastic.

Généralement l'Archipel offre beaucoup de morceaux d'effet : tels que la grotte d'Antiparos [1] ; les carrières de marbre à Paros ;

[1] Il n'y avait presque plus personne qui osât descendre dans la grotte d'Antiparos, lorsqu'en 1673, M. de Nointel, ministre de France, en forma la résolution, qu'il exécuta avec le plus brillant succès. L'éclat de l'illumination, la messe qu'on y célébra, plus de cinq cents personnes qui s'y trouvèrent, tout cela dut présenter un spectacle aussi magnifique que frappant. La description qu'en a donnée Tournefort est très-exacte. M. Engel en a tiré le sujet d'un des morceaux de son *Philosophe pour le monde*. Pour celui qui n'est pas sujet aux vertiges, il n'y a rien de très-périlleux dans cette entreprise, qui ne demande même ni une agilité particulière, ni une grande habitude de gravir. Une femme même, la margrave d'Anspach (autrefois lady Craven) a eu le courage de la tenter ; et une quantité d'inscriptions qu'on voit dans la grotte, rendent témoignage au succès qui couronna sa hardiesse. J'eus toutes les peines du monde à déterminer mon domestique à m'y suivre ; l'aspect peu engageant de l'entrée et les préparatifs qui sont assez imposans l'effrayaient ; mais du moment que son œil se fut un peu accoutumé à l'obscurité, il descendit avec la plus grande facilité, et nous n'eûmes plus d'autre peine que de

des villes et des villages suspendus à des rochers comme des nids d'oiseaux; des rochers formant les figures les plus bizarres; le contraste de la culture au milieu de tant d'objets d'un aspect sauvage, tel que l'offre à Chio le couvent de Néamoni; une masse de rochers, comme Tine, qui ne semble avoir été formée que pour briser les vagues et les forcer à s'élancer dans les airs, et qui cependant est semée d'habitations et de villages, et peuplée même outre mesure;

réprimer sa témérité. Un caloyer qui nous accompagnait également, se trouva, en gravissant, saisi tout-à-coup d'une telle frayeur, qu'il resta suspendu au milieu de la corde, hors d'état de pouvoir ni avancer, ni reculer. Il poussa un cri des plus lamentables, et se serait infailliblement précipité, si les guides n'étaient promptement accourus à son secours. Au reste, on pourrait à très-peu de frais rendre la grotte plus accessible et plus commode, mais cela ne serait pas le compte des habitans d'Antiparos, qui ne sont ni moins importuns, ni plus désintéressés que les Napolitains qui servent de guides sur le Vésuve. Lorsqu'on veut pénétrer jusqu'aux dernières allées dans les carrières de Paros, l'on a beaucoup plus d'incommodités à combattre que dans la grotte d'Antiparos, parce que la voûte y est très-plate, et qu'on ne peut avancer qu'en se glissant sur le dos.

Naxos, entourée de rochers mélancoliques, qui semblent en interdire l'entrée, et qui n'en fournit pas moins en abondance l'orange, le limon, la grenade, la figue, la mûre, et des cédras qui pèsent jusqu'à vingt livres, fécondité qu'elle doit aux ruisseaux et aux sources nombreuses qui l'arrosent; car on peut dire que dans le Levant, chaque goutte d'eau produit son arbre.

Pathmos, où, selon la légende, saint Jean l'Evangéliste fut exilé par l'empereur Domitien, et où il écrivit le livre de l'Apocalypse, est une des plus sauvages et des plus arides de toutes ces îles; mais elle offre un coup-d'œil assez frappant si on la regarde de la hauteur. Bordée de dentelures à-peu-près comme une feuille de chêne, chacune de ces entailles fournit un port excellent, où la mer est aussi calme et aussi unie qu'un beau lac.

Si, de Saint-Minas dans l'île de Paros, on descend vers la ville de Parecchia, on traverse une belle vallée abondante en palmiers, qui paraissent y avoir été transplantés de Nio (*Ios*) et de Délos, où d'ailleurs on n'en trouve plus aujourd'hui. Parecchia elle-même est jolie, bien bâtie, et tout-à-fait dans le genre que nous avons nommé historique. La tour et le château sont entièrement formés de débris d'anciennes colonnes; on voit aussi sur les murailles beaucoup d'inscriptions, de bas-reliefs et d'armoiries du moyen âge. La vigne y tapisse toutes les maisons, et forme quelquefois dans les rues des allées couvertes.

La plaine de la ville de Cos, en forme d'amphithéâtre circulaire, est plus riche et plus romantique encore. La terre y a la même vigueur de végétation qu'aurait une lave transformée, et là seulement pouvait réussir ce magnifique platane qui prête son ombrage au bazar, et dont les branches sont aussi fortes que les tiges des vieux arbres des forêts. Une appréhension bien puérile a déterminé les Turcs à en abattre une qui s'avançait en ligne horizontale et trop hardiment vers la citadelle. L'idée leur vint que si jamais les Français venaient à faire une descente dans l'île, ils pourraient bien s'aider de cette branche pour s'emparer de la citadelle. Il y en a plusieurs autres auxquelles on a donné pour appui d'anciennes colonnes de marbre et de granit, que l'écorce de cet arbre gigantesque a tellement embrassées et si fortement saisies, qu'elles ont été déplantées et élevées au-dessus du niveau de la terre. La tige a trente pieds de circuit. On n'a pas manqué de lui ménager une fontaine qui fournit à ses immenses racines l'humidité dont elles ont sans cesse besoin. Xerxès lui aurait sans doute offert un sacrifice, et y eût laissé de riches présens.

Il s'est conservé dans les îles de la mer Ægée peu de restes de l'antiquité qui soient très-dignes de curiosité. Les plus remarquables sont la porte de Naxos, les ruines de Délos et de Rhœena, Samos, Cos, et l'école d'Homère (proprement une chapelle de Cybèle); mais tout cela par fragmens. Outre l'harmonie de ces noms de tout tems si chers aux poëtes, ils n'ont pu manquer d'acquérir une grande célébrité parmi nous, par les nombreuses descriptions qu'en ont publiées les voyageurs qui, attirés dans les contrées du Levant par le commerce, la guerre ou des missions diplomatiques, se trouvaient quelquefois forcés par les circonstances à relâcher dans l'une ou l'autre de ces îles. Le voyage pittoresque de M. de Choiseul y a sur-tout beaucoup contribué. Les antiquités d'Athènes par Stuart, celles de l'Ionie par Chandler, et même Leroy, sont des ouvrages plus importans; mais le premier est d'une acquisition trop dispendieuse pour être généralement répandu, et la mode n'a pas favorisé les derniers ; les échos de la Renommée n'ayant pas jugé à propos d'en répéter aussi souvent les noms.

Au reste, les Grecs de l'Archipel sont plus vifs, plus gais et plus spirituels que ceux du continent. Ceux de Chio ont été nommés depuis long-tems les Gascons du Levant; et il est de fait que les bords de la Garonne n'ont jamais été vantés avec tant d'exagération par leurs habitans, que Chio par les siens, qui la qualifient de *fior' di Levante* [1].

Mais des insulaires plus aimables et meilleurs que ceux de Chio, ce sont les habitans de Tine, qui ressemblent aussi peu aux autres Grecs, que les Savoyards avec lesquels ils ont beaucoup de rapport, ne ressemblent aux autres peuples de l'Italie.

[1] Les habitans de Zante leur disputent ce nom, peut-être à cause de la rime en langue italienne : *Zante, fior di Levante*.

On voit aussi une quantité de tiniotes des deux sexes passer dans des pays étrangers, comme matelots, valets ou servantes. Ils sont sur-tout en grand nombre à Constantinople et à Smyrne. On reconnaît d'abord les hommes aux bonnets de couleur rouge qu'ils portent presque tous, au lieu de la calotte de même couleur qui sert de coiffure à tous les autres Grecs. Si la fortune ou leur économie leur ont assuré une fois de quoi vivre tranquillement chez eux, ou les moyens d'y commencer quelques affaires lucratives, ils ne manquent jamais d'y retourner, et tâchent d'y acquérir une propriété. Aussi celles-ci y sont-elles a un prix prodigieux, quoique le sol soit aride et rocailleux, et qu'il faille y transporter de la terre à force de bras. Les Grecs et les catholiques y sont en nombre à-peu-près égal. La forme de gouvernement y est purement républicaine. Leurs ports n'offrant point de mouillage pour les vaisseaux de guerre, ils ne sont jamais visités par l'escadre du capitan-pacha; avantage qu'ils savent si bien apprécier, qu'ils ont constamment rejeté tous les plans, très-certainement exécutables, qu'on leur a proposés plusieurs fois pour l'amélioration de leurs ports, et par conséquent pour l'extension de leur commerce maritime.

Mais je crois vous avoir fait faire un assez long séjour dans l'Archipel; il est tems de partir pour Athènes.

LETTRE VI.

Je n'entreprendrai pas de vous décrire un pays qui l'a été si souvent. Je vous parlerai seulement de ce que j'y ai observé par moi-même.

D'abord le climat y est sans contredit le plus sain, le plus doux et le plus pur de toute la Grèce. Je n'en excepterais que les plaines de Marathon, à cause de leur humidité et de leur nature marécageuse, et peut-être encore les écueils scironites, appelés aujourd'hui *Kaky-Scala*, (mauvaise échelle). Les navigateurs grecs redoutent particulièrement le vent qui s'y élève quelquefois, et qui, plongeant verticalement sur la mer, comme les anciens l'avaient également observé, fait souvent couler à fond ou chavirer de petites barques. D'ailleurs le ciron n'a ni sur la santé, ni sur les nerfs, l'influence pernicieuse du sirocco.

La sérénité de l'atmosphère, qui, en Attique, est exempte de toute humidité, permet à la vue de s'étendre à sa portée la plus éloignée. Aussi les ruines s'y sont-elles conservées à un degré surprenant, jusque-là qu'elles ont encore ce luisant et ce poli d'un ouvrage fraîchement achevé. Pas la moindre couleur de rouille, pas la moindre trace qui annonce qu'elles aient subi l'action de l'air de la mer, point de parties qui tombent en poussière; mais sans doute en revanche ne sauraient-elles avoir ni cette teinte sombre et vénérable des ruines romaines, ni ces herbes touffues qui s'enlacent autour de celle-ci : circonstance au reste qui pourrait bien provenir en grande partie de la qualité différente et de la nature moins poreuse du marbre.

Il me serait impossible de vous décrire les vues éminemment belles du mont Hymette, de l'Acropolis, de l'Anchesme, des ruines du château de Phyle, d'où l'on vit rentrer triomphante dans Athènes la liberté que les Spartiates en avaient bannie. Je le pourrais d'autant moins, que le charme principal consiste encore ici dans les lignes et dans les contours, ce qui résiste à toute description; car les montagnes y sont dépouillées et jaunâtres comme celles de la Provence, à laquelle, avec assez de raison, on a souvent comparé l'Attique. Le sol, en beaucoup d'endroits, est aride, infécond, pierreux, et comme le roc, recouvert seulement de capriers.

Je sens que je m'expose à vous inspirer quelque défiance, quand, à côté de plusieurs défauts, vous me voyez attribuer aux deux villes les plus classiques du monde, Rome et Athènes, cet avantage commun des lignes et des contours. Mais je puis vous assurer que ce n'est ni un jeu de mon imagination, ni une séduction à laquelle je me sois laissé entraîner par des souvenirs. Je m'étais efforcé d'avance, et n'ai cessé de m'efforcer depuis, de me tenir en garde contre toute espèce d'illusion, et je ne crains pas d'avancer que je suis parvenu à y réussir.

C'est par un effet de cette qualité dure et pierreuse du sol, que la plupart des restes de l'antiquité qui se sont conservés à Athènes, se trouvent encore en entier sur la surface de la terre; tandis qu'au Colisée et à l'arc de triomphe de Constantin, à Rome, il faut se donner la peine de dégager le pied des colonnes et des bâtimens. Au temple de Thésée, par exemple, le terrain ne s'est peut-être pas élevé d'un pouce. Ce rehaussement est plus considérable près de la soi-disant lanterne de Démosthènes, et près de Callirhoë ou *Eunéacrounos*, où certainement une fouille bien ordonnée dédommagerait amplement le voyageur de la peine et des frais qu'elle aurait pu lui causer. Il est indubitable qu'elle était ornée de statues, et plusieurs traces nous indiquent qu'il s'en trouve encore des fragmens. On distingue clairement les places qu'elles devaient occuper. Dans tous les cas, ce serait une belle entreprise que de dégager les neuf ouvertures, puisque maintenant on n'en voit que quatre, qui sont si directement opposées l'une à l'autre, que les eaux en y descendant, devaient se croiser et former une sorte de cascade. Enfin un troisième endroit où le sol s'est encore un peu plus rehaussé, c'est près du Pnyx, dont milord Aberdeen fit déblayer les restes en 1803. Je pense que vous ne serez pas fâchée que j'insère ici comme épisode, une courte notice sur ce monument intéressant.

D'après ce que les anciens auteurs nous ont transmis, et ce que leurs meilleurs interprètes et leurs plus habiles commentateurs nous apprennent, le Pnyx n'était pas loin de la citadelle d'Athènes. Il était principalement destiné aux convocations extraordinaires du peuple; et Potter nous dit dans son Archœologie, qu'il avait reçu son nom de la grande foule qui s'y trouvait quelquefois, ou bien aussi de ce qu'il était encombré de siéges et de pierres. Il était entouré de mauvais bâtimens, et se maintint, comme un monument de l'antique simplicité des Athéniens, dans les tems même où leur goût pour l'architecture de luxe et pour les décorations avait atteint son plus haut degré. Quoiqu'on se servît alors fréquemment du théâtre de Bacchus pour y assembler le peuple, on n'abandonnait pas entièrement le Pnyx; car il eût été inconstitutionnel de décerner ailleurs une couronne d'honneur à un citoyen, et c'était aussi là que, d'après une loi expresse, devait se faire l'élection de certains magistrats, comme, par exemple, des stratèges.

Je ne fais aucun doute que les antiquaires n'aient assigné au Pnyx son véritable emplacement. C'est une des collines que ren-

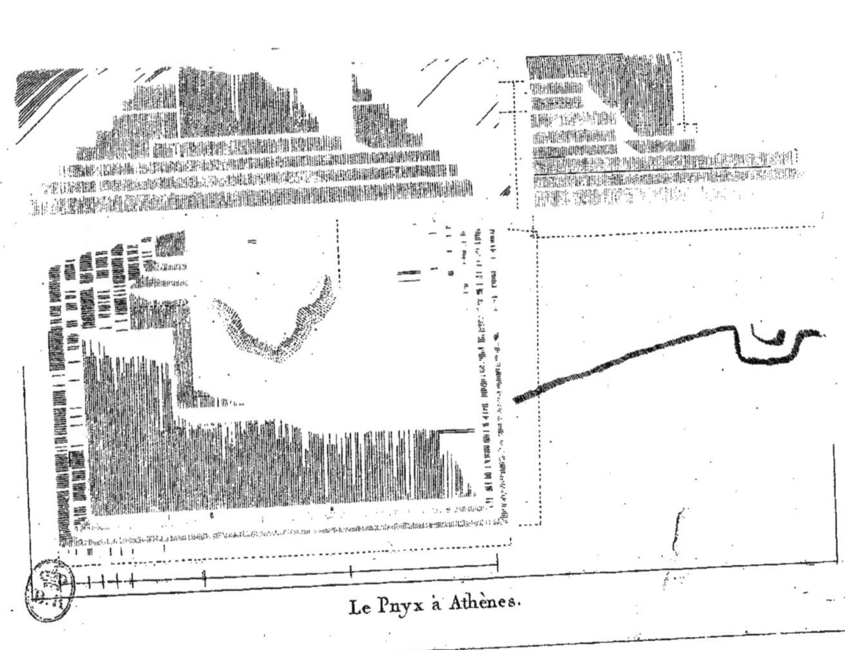

Le Pnyx à Athènes.

fermait l'enceinte de l'ancienne ville, au nord de celle du Musée.

Cette place a la forme d'une section de cercle; mais s'approchant du demi-cercle, en ce que les rayons qui la coupent s'inclinent dans un angle de 160 à 170 degrés.

Si, comme je le présume, elle n'a pas subi de changemens très-considérables, je doute fort qu'elle ait pu seulement contenir la moitié des citoyens d'Athènes, dont on fait monter ordinairement le nombre à vingt mille.

La tribune des orateurs est tournée vers l'ouest, un peu au sud, mais de façon qu'on n'aperçoit pas la mer, ou du moins qu'on n'en aperçoit qu'un très-petit espace. Elle est adossée à un mur taillé dans le roc, et au-dessus duquel on a posé d'énormes blocs de pierre de taille pour le rehausser et le mettre par-tout de niveau. On pourrait nommer ce travail *cyclopique*, si le volume des pierres et la manière exacte de les poser sans chaux ni ciment, suffisait pour caractériser ce genre de construction.

Les couches sont passablement horizontales, et les blocs sont des trapèses quelquefois très-irréguliers, sans que j'aie remarqué, comme à Mycènes, de ces pierres polygones qui comblaient les intervalles.

Un de ces blocs était déjà détaché et prêt à être embarqué pour l'Angleterre; la belle-mère de milord Elgin, madame Charlotte Hamilton Nisbet, l'ayant destiné à enchâsser et orner une de ses cheminées.

Le terrain décline à mesure qu'il s'éloigne de la tribune; de sorte que dans les assemblées du peuple, ceux qui n'étaient pas très-près de l'orateur n'en pouvaient apercevoir que la tête; tandis que de son côté, il ne pouvait lire sur la physionomie de ses auditeurs l'impression qu'y produisait son discours.

Cette position inclinée peut bien avoir contribué pour beaucoup à l'accumulation de la poussière et de la terre sur cet emplacement, le vent ne pouvant le déblayer à cause du mur de roc qui le couvrait du côté opposé; et comme dans ce climat le vent ne s'appaise que de nuit pendant la belle saison, il doit avoir rendu ces convocations fort pénibles et pour l'orateur et pour l'auditoire, à moins que l'on ne suppose que les bâtimens qui alors, ou de près ou de loin, entouraient le Pnyx, n'en aient arrêté et adouci les effets. On sait au reste, que l'on congédiait le peuple, si le tems était trop désagréable.

Lorsque milord Aberdeen fit nettoyer la place autour de la tribune, et que les degrés les plus bas furent dégagés, l'on y trouva un grand nombre d'*ex-voto* en pierre, de dimensions très-diverses, et sculptés en bas-relief. Ce qu'il y a d'assez singulier, c'est qu'aucune de ces représentations n'avait le moindre rapport avec les affaires que l'on sait avoir été traitées dans le Pnyx. Elles étaient toutes des témoignages de la reconnaissance de quelque malade rétabli. On y voyait des parties sexuelles de femmes, des seins, des yeux, des dos, des pieds; les uns avec le nom des personnes qui les avaient placés, les autres sans inscriptions.

On pourrait être tenté de croire que ces *ex-voto* ont été transportés ici dans d'autres tems, ou qu'ils ont appartenu à quelque temple voisin, si l'on ne remarquait partout dans le mur de roc des enfoncemens où il est évident qu'ils ont été placés, comme aussi une grande niche carrée, destinée, à ce qu'il me paraît, à recevoir une statue.

Je ne m'aventurerai pas à expliquer cette découverte, les données n'étant pas suffisantes pour mettre à l'abri des erreurs. Mais ne serait-il pas possible que quelque chapelle dédiée à Apollon, Esculape ou Sérapis, se fût trouvée près de là, et qu'on y eût attribué à leurs images des vertus secrètes et salutaires. Quelques pratiques des Grecs modernes semblent encore l'indiquer. Des femmes frappées de stérilité vont au même lieu se glisser sur de grandes pierres, et d'autres y frottent leurs enfans malades.

La tribune elle-même est de la plus grande simplicité ; c'est un cube oblong, sans le moindre ornement, sans sculpture ni ciselure quelconque. Elle repose sur une plinthe ou base carrée, d'un pied et demi de haut et d'autant de saillie. Aucune hauteur d'appui ou parapet ne dérobait aux regards du peuple la moindre partie de la personne de l'orateur. Il se présentait les mains sous son manteau, et devait être très-sobre de gesticulation ; car les mouvemens exagérés des bras et du corps ne commencèrent à s'introduire que lorsque la dignité de caractère et la force d'esprit des démagogues avaient disparu, et qu'on ne cherchait plus qu'à tromper et à séduire le peuple. La partie supérieure de cette tribune est un peu endommagée, le reste est parfaitement conservé. L'on y montait par huit degrés qui, à l'exception du dernier dont la saillie était de trois pieds trois pouces, avaient environ un pied de haut sur une saillie égale, proportion qui ne s'accorde guère avec celle que Vitruve établit, puisqu'il veut que les degrés des théâtres aient au moins deux pieds de saillie lorsqu'ils en ont un d'élévation. Mais aussi sait-on que les Romains visaient plus à la commodité que les Grecs, qui la subordonnaient toujours au coup-d'œil; si bien que M. de la Gardette, dans son excellent ouvrage sur les ruines de Pœstum, cite le changement qu'il suppose avoir été fait dans la proportion des degrés du petit temple et de la basilique à ceux du grand temple, comme une des preuves de la restauration romaine de ces deux premiers monumens. Je donne ici le plan et la coupe de ces intéressantes ruines, et j'en ai marqué assez exactement les mesures.

Après cette digression, je reviens à mon sujet. Le mont Hymette reste pendant tout l'hiver couvert de bruyère. C'est de cette plante que les abeilles (qu'ils ne font jamais périr [1]) se nourrissent pendant cette saison, et c'est elle qui donne au miel un goût ainsi qu'une dénomination particulière. Il y a aussi au pied du Penthélique et de l'Hymette, des plaines entières qui sont couvertes d'asphodylles, et que la police a soin de faire faucher de tems en tems, dans la crainte, d'ailleurs non-fondée, que pompé par les abeilles, le suc de cette herbe dangereuse ne communique à leur miel une partie de son venin. En général la police est ici un peu moins négligente que dans les autres parties de la Grèce. Lorsque je visitai Athènes en 1803, les sauterelles y exerçaient de grands ravages. On mit une prime d'une piastre sur

[1] L'usage de faire périr l'essaim pour vider la ruche, est d'origine barbare, et n'a jamais été connu des Grecs. Ce furent les Goths qui l'apportèrent en Italie, comme le remarque Félix Beaujour, dans son ouvrage sur le commerce de la Grèce, où en général il se trouve beaucoup de choses intéressantes sur la culture des abeilles chez les Athéniens.

chaque ocke (mesure de deux livres et demie) qu'on en apporterait, et on les enterrait ensuite avec un mélange de chaux, dans un monceau de cendre que les savonniers entassent hors de la ville; après cela on répartit une taxe sur tous les propriétaires de terre que cette mesure avait garantis [1].

L'olivier était le plus beau présent que Minerve eût fait à son peuple chéri, et il fait encore aujourd'hui la richesse et l'ornement de l'Attique. Une forêt d'un mille de long et toute plantée d'oliviers, s'étend le long de la plaine, et couvre la contrée du Céramique, de l'Académie et des jardins de plusieurs philosophes. Elle se prolonge dans la direction du nord-est au sud-ouest. La voie sacrée d'Eleusis, pleine de traces de tombeaux et de monumens antiques, conduit à cette promenade enchanteresse, à laquelle viennent encore

[1] Le même fléau se fit aussi sentir cette année sur la côte de l'Asie-Mineure. Il y eut des arbres entiers dont le feuillage fut dévoré par ces animaux, lorsqu'ils ne trouvèrent plus de nourriture dans les champs. Quelquefois un vent fort venait au secours des campagnes, et en poussait des nuées dans la mer.

aboutir beaucoup d'autres sentiers. On ne saurait voir en aucun lieu de plus beaux oliviers que ceux-ci ; à peine leur comparerait-on ceux de Palerme ou de la rivière de Gènes. Leur force semble inépuisable, et leur jeunesse éternelle ; ils ne cessent de produire de nouvelles branches et de nouveaux rejetons. Mais aussi n'est-il aucun lieu, soit de la Grèce, soit des îles ou des colonies asiatiques, où l'on mette tant de soin à la culture de cet arbre. On allège et on ramollit la terre en béchant autour de chaque tige, et on ne s'épargne pas la peine de l'arroser ; cette précaution est même, selon quelques-uns, portée trop loin, et prodiguée jusqu'au point de nuire au fruit, qui en devient trop aqueux [1].

[1] Les trois principales espèces d'olives en Grèce, sont les colymbades, les rapha et les coronades, dont les dernières ont pris leur nom de la ville de Coron, qui exporte beaucoup d'huile. Au reste, la meilleure huile n'est pas celle d'Athènes, comme on le prétend ordinairement, mais celle de Salona en Phocide. (Amphisse). Ce sont les olives confites d'Athènes qui sont estimées; on les nomme *colymbades*, et les anciens en font déjà mention. M. Félix Beaujour dit que, pour diminuer l'amertume de l'olive, on mêle avec l'eau salée dans laquelle on la met, du fenouil,

Les Athéniens modernes se sont aussi construit des maisons de campagne dans cette forêt d'oliviers ; mais ce ne sont plus ces riantes et magnifiques habitations, où loin de la surveillance des Prytanes, moins remarqués et moins enviés du peuple, les riches de l'ancienne Athènes allaient vivre plus libres et plus heureux ; ce ne sont plus guères que de petites tours carrées et étroites, ne contenant qu'une pièce où s'entasse

du cumin, de la coriandre, de la menthe et d'autres feuilles odoriférantes. Quant à moi, ce goût parfumé m'était extrêmement désagréable, et je suis persuadé que la plupart des connaisseurs seront de mon avis. Quoi qu'il en soit, on ne s'entend à bien presser l'huile, ni à Athènes, ni dans aucune autre partie de la Grèce. On jette souvent à-la-fois dans le pressoir et les fruits bons et mauvais, et les écorces et les noyaux. Chez les particuliers même, il est rare de trouver de bonne huile sans odeur et sans goût. J'en excepte Corfou et les Sept-Iles, où des particuliers en ont qui ne le cède ni à celle de Lucques, ni à celle de Provence, quoique l'abbé Serofani blâme en général la manière de la préparer à Corfou. Cette dernière est presque trop légère pour pouvoir être employée dans les fabriques de savon. Non loin de Levkimo, nous ramassâmes à terre de grandes olives bleues déjà mûres et d'un goût si agréable, qu'on peut les servir sans les faire passer par l'eau salée.

toute une famille. Cette petite chambre est située à l'extrémité la plus élevée de la tour, et l'on y gravit par le moyen d'un escalier très-rapide, dont les paliers sont fermés par des trappes, précaution sans laquelle on ne se croirait pas en sûreté contre une attaque imprévue.

Ces chétives habitations sont entourées de jardins qui ne sont guères plus agréables, fournissant quelques fleurs, quelques arbres fruitiers et une petite quantité de légumes. On y pratique bien quelques allées de traverse, mais qu'ils négligent tellement de dégager, qu'on ne saurait y passer qu'en baissant la tête. Les figues sont excellentes dans l'Attique, où il y en a une espèce qu'on nomme encore basilique; il en est de même des grenades et des raisins. Les melons en revanche y sont plutôt aqueux que doux. Les framboises et les groseilles que M. Fauvel y a plantées, n'ont pas réussi. Il y a quelques pêches dans le nombre qui sont assez belles; mais on n'y en connaît guères d'autre espèce que celle dont la chair est jaune, et dont le noyau ne se détache pas.

Tous ces jardins sont arrosés par des

canaux, ce qui achève d'épuiser l'Ylissus déjà si chétif. On afferme à l'heure et à la demi-heure le droit de le détourner sur son terrain.

Autant les rivières de l'Attique sont insignifiantes en été, autant les eaux des fontaines et des puits y sont délicieuses. Mais la plus pure et la meilleure de toutes se trouve au couvent de Daphny, à quelques lieues d'Athènes, où il y avait autrefois un temple de Vénus.

« Les eaux de l'Attique ont une bonté « si particulière, » dit Hipponicus [1], « qu'il « me suffit d'en goûter pour les reconnaître « à l'instant. »

Habitués à beaucoup d'autres boissons dans nos climats septentrionaux, nous avons peine à concevoir quel prix les peuples du midi mettent à une qualité supérieure de l'eau, outre que chez nous elle est généralement assez bonne pour que nous ne nous apercevions pas du degré de supériorité qui peut lui manquer. Mais en Grèce et dans le Levant, j'ai trouvé de véritables hydromanes. A Chio un homme nous entretint pendant une heure de la

[1] Liv. II, chap. v d'Athénée.

bonté de l'eau de son puits, et pour nous en convaincre, il en fit apporter une bouteille, dont il nous versa dans de petits verres, comme on ferait chez nous à l'égard d'une sorte de vin très-rare.

Notre hôte de Tine, M. Charles Bonfort, le meilleur et le plus hospitalier des hommes, nous invita un jour à sa maison de campagne, située dans un village assez élevé, entre des montagnes. Nous y arrivâmes exténués de fatigue, et à nuit close, ne nous étant mis en route que vers le soir à cause de l'extrême chaleur. Il ne nous en conduisit pas moins sur-le-champ, la lumière à la main, à sa fontaine qu'il nous avait tant vantée, et qui, selon lui, faisait le principal mérite de son habitation. Nous dûmes faire le même pélerinage le lendemain matin, et il ne nous en fit pas grace le soir quand nous nous séparâmes.

Cette passion pour l'eau me paraît, au surplus, entièrement fondée dans les besoins de l'homme ; et, dans le fait, après le culte du soleil, de la lune, de la terre et de la mer, je ne trouve point d'idolâtrie qui me semble plus naturelle que l'hommage rendu par les anciens aux sources et aux rivières.

A quelque heure du jour que l'on prenne le café dans le Levant, on ne manque jamais de présenter auparavant de l'eau fraîche aux convives, et pour en rendre le goût plus agréable, de la faire précéder par des confitures ou quelqu'autre chose de doux. On présente l'eau dans un grand verre, qui fait le tour de l'assemblée, chacun n'en buvant d'ordinaire que quelques gorgées. C'est aussi de la même cuiller que tout le monde se sert pour les confitures, et il serait très-offensant de manifester à cette occasion la plus légère répugnance. Les maisons des Francs sont les seules où l'on donne à chacun la sienne. Au reste, l'usage de prendre quelque chose de doux avant l'eau, est fort bien entendu, et sur-tout là où elle ne serait pas des meilleures. Après les confitures, l'eau et le café, l'ordre est de présenter des pipes, et si l'on veut traiter magnifiquement ses convives, des parfums et des essences. Le plus grand honneur que l'on puisse leur faire, c'est, avant de leur présenter l'aloës, de les couvrir d'un linge, qui les met quelquefois en danger d'étouffer. Ceci se fait ordinairement au sortir de la maison d'un grand, par les officiers de cette maison, auxquels on ne manque pas de payer assez chèrement les honneurs de la cérémonie.

Ce haut prix que les Grecs modernes attachent à leurs sources et à leurs fontaines, est un sentiment qu'ils semblent avoir hérité de leurs devanciers. On sait que les anciens Grecs trouvaient aussi leurs sources dignes d'une attention perpétuelle, et qu'ils leur attribuaient toutes sortes de propriétés. Telle, selon eux, avait une qualité vénéneuse; telle autre, sans être minérale, avait la vertu de guérir certaines fièvres; celle-ci facilitait les accouchemens; celle-là les rendait pénibles; l'une excitait l'amour, l'autre en ralentissait l'ardeur, et d'autres encore donnaient aux animaux qui en buvaient une couleur rouge, jaune, noire ou blanche. En Achaïe il y avait une rivière dans laquelle on faisait entrer les troupeaux, lorsqu'on voulait qu'ils produisissent des mâles, et une autre dans laquelle on les menait, si c'étaient des femelles qu'on voulait avoir. En général depuis Patras jusqu'à Ægium, espace d'environ cinq milles d'Allemagne, on traversait au moins six fleuves qui avaient été le théâtre de métamorphoses, ou d'aventures amoureuses devenues célèbres dans l'histoire; car au bout du compte, l'amour paraît avoir été le sentiment qu'elles inspiraient le plus, et les archives d'un grand nombre de familles illustres remontaient jusqu'au dieu d'un fleuve, aux empressemens duquel une de leurs mères n'avait pas su résister.

Les sources inspiratrices de la poésie étaient aussi en très-grand nombre. Chandler et quelques autres modernes attribuent à la fontaine de Castalie un degré de froid tout particulier, et qui donne un frisson semblable à celui de la fièvre. J'ai bien trouvé à la température de cette eau une certaine fraîcheur commune à presque toutes les sources des montagnes, mais non pas à un degré remarquable. Pausanias, qui ne manque guères d'observer quelque chose de pareil, ne fait mention de cette « source de l'Achéloüs qui ne tarit jamais, » que comme d'une eau agréable. La fontaine d'Hélène, à Chio, est beaucoup plus froide.

Parmi les fleuves les plus renommés de la Grèce, il y en a peu qui proprement soient beaux; car d'abord, en beaucoup d'endroits, les rives en sont rases et dénuées de verdure; leurs eaux sont généralement troubles, et leur largeur est tout au plus celle de nos rivières du troisième et quatrième rang: tel est l'Asope, près de Thèbes; le Céphise [1] et l'Ylisse, près d'Athènes; le Sperchios, non loin des Thermopyles, qui n'est plus bordé de peupliers comme du tems d'Ovide [2], et l'Hercinie, après qu'elle a quitté la hauteur de Livadie. J'ajouterais l'Alphée d'Olympie, si je ne croyais devoir m'abstenir de le juger, parce que je ne l'ai pas remonté jusqu'à ses sources, et que rarement les fleuves sont agréables à leur embouchure. L'Achéloüs, le roi de l'Acarnanie, est le seul qui, par sa largeur et son impétuosité, présente un spectacle imposant. Le lit dans lequel

[1] Les Grecs modernes, quand ils nous parlaient du Céphise près d'Eleusis, le nommaient *Saranda-Potamos* (les quarante fleuves), nom qu'ils donnent volontiers aux fleuves qui serpentent beaucoup dans leur course, et qui désigne assez bien leurs nombreuses sinuosités. Par une altération moins considérable, les Turcs nomment aussi le Méandre, *Menderi-son* (eau du Menderi).

[2] Met. d'Io.

il coule peut bien, dans les saisons pluvieuses, avoir un quart de mille d'Allemagne de largeur. Sa couleur est blanchâtre et son eau écumeuse comme si on y avait jeté de la chaux, d'où lui est venu le nom qu'il porte aujourd'hui d'*Aspro-Potamos* (*le fleuve Blanc*). En parlant du Pénée, j'ai déja dit combien il était loin d'être clair et argenté. Le plus transparent et le plus limpide de tous, c'est l'Eurotas de Sparte (aujourd'hui l'Iris), bordé de bosquets d'oléandre et de joncs d'une couleur bigarrée, que les anciens estimaient déjà, comme propres à faire des flûtes; et après lui le Pamise de Messènes, constamment agréable dans toute l'étendue qu'il parcourt.

Je ne sais pourquoi, tandis que les noms d'un grand nombre de villes de l'ancienne Grèce se sont conservés intacts, ou n'ont subi que de légères altérations, comme Athènes, Lébadée (*Livadie*), Larisse, Argos, Corinthe (*Coranto*), Patras, etc., l'on ne saurait citer un seul fleuve dont le nom actuel ait quelque rapport avec celui qu'il portait jadis : c'est ainsi que le Sperchius se nomme *Ellada*; l'Eurotas,

Iris; l'Achéloüs, *Aspro Potamos*; l'Alphée, *Roféo*. Il en est de même des fontaines et des puits, dont la plupart sont restés sans nom, les anciennes dénominations s'étant perdues dans l'oubli. Callirhoë, à Athènes, fait une exception; ce qui provient peut-être de ce que cette ville n'a cessé, à aucune époque, d'être visitée par des étrangers amateurs de l'antiquité; peut-être même les Athéniens n'ont-ils appris que depuis peu l'ancien nom de leur fontaine; mais il faut cependant que ce soit au moins avant l'époque de Spon.

Bien différens de ces beaux lacs de la Suisse, qui nous charment tant par la riche culture et le coup-d'œil animé de leurs bords, ceux de la Grèce, dénués de cet avantage, offrent rarement de quoi flatter la vue. Celui qui est près de Brachori, en Étolie, se distingue cependant par les forêts qui l'entourent. Elles fournissent du bois très-propre aux constructions maritimes; et M. de la Sala, consul de France, en a fait abattre pendant plusieurs années pour la marine française. A l'exception de la partie qui arrose la ville de Janina, le reste du lac d'Achérusia ne présente qu'un aspect assez sauvage ; mais je n'y saurais reconnaître néanmoins ce caractère sinistre et lugubre qui conviendrait à l'entrée des enfers. Sur plusieurs des îles qui se sont formées dans ce lac, on voit des couvens auxquels elles appartiennent.

Ce n'est qu'en se frayant un passage à travers des joncs très-touffus, que les bateaux peuvent parvenir à aborder le rivage. Il y croît encore aujourd'hui de beaux peupliers, ce qui pourrait servir d'appui à l'opinion que j'ai hasardée plus haut au sujet du laurier de Tempé, que d'ordinaire la même espèce d'arbres se perpétue dans le même lieu.

Voss dit, dans ses notes sur la VIIe églogue de Virgile : « Lorsqu'Hercule attira « Cerbère hors de l'empire des morts, il se « fit une guirlande de la feuille des peu- « pliers qui croissent aux bords de l'Achéron ; trempée de sa sueur, la partie infé- « rieure de ces feuilles prit une teinte « blanche ; et le vainqueur, à son retour, « ayant planté sa guirlande, donna nais- « sance au peuplier blanc, devenu depuis « l'ornement des héros qui se sont signalés « par leur persévérance, de même que des

« jeunes gens qui se distinguaient dans les « gymnases. »

Le lac Capaïs ressemble à un étang ou à un marais couvert de joncs. On n'y voit plus de trace de débordement qui ait inondé le pays.

Il est assez singulier que la Grèce, toute coupée de montagnes et de vallons, n'offre pas une seule cataracte qui mérite proprement ce nom. Il n'y a que des chutes d'eau insignifiantes dans l'intérieur de l'Arcadie. A en juger d'après la forme du rocher sur lequel est appuyée Castalie, sans doute qu'aux époques où ses sources sont abondantes, elle doit se précipiter de fort haut[1] :

[1] Castalie sort d'une caverne sur le haut d'un rocher dans lequel on avait taillé des degrés qui ont déjà beaucoup souffert. Ils conduisent à différens repos, et doivent contribuer à embellir beaucoup la chute, lorsqu'elle a lieu pendant l'hiver. Près de là, à l'est de la fontaine, est une chapelle antique taillée dans le roc, avec des niches pour des statues, et dédiée aujourd'hui à Saint-Jean. Au-dessous, est un bassin dans lequel on descend par des degrés pratiqués dans le bord. C'est vraisemblablement là que se baignait tous les jours la prêtresse. L'eau s'y dirige par un canal vers l'ouest. Cette eau est maintenant un agiasma, ou eau consacrée et bénite, mais n'en

mais cette chute n'a pas lieu constamment ; et s'il ne s'agissait que de celles qui se forment par des pluies abondantes, ou qui, à la fonte des neiges, se soutiennent pendant quelques semaines, il y en aurait sans nombre dans tous les pays de montagnes. Dans de fortes pluies d'hiver, je ne serais pas étonné que tous les rochers de la Grèce en offrissent de semblables.

Au reste, si cette abondance d'eau est favorable en Grèce au succès de la végétation, c'est à la même cause qu'on peut attribuer aussi cette qualité fiévreuse et insalubre de l'air pendant l'été, dont on se plaint si généralement dans ce pays. L'Attique seule fait ici une exception. Tripolitza, en Arcadie, et Janina, en Epyre, y échappent aussi à la faveur d'une situation élevée. Mais rien de plus fiévreux que Livadie et Larisse, arrosées par les eaux du Pénée, que Sparte (*Misitra*), qui doit le même inconvénient à celles de l'Eurotas. Dans une partie de l'Arcadie et de l'Elide

est pas moins stagnante, verdâtre et marécageuse. C'est la même dont Plutarque fait mention dans le traité où il examine *pourquoi la Pythonisse ne parle plus en vers*.

qui est arrosée par l'Alphée, il règne constamment des épidémies en été. Des étrangers ont souvent pris la fièvre pour avoir passé une seule nuit à Corinthe. L'effrayante mortalité qui règne à Patras, lui a valu le nom de *Tombeau des Européens.* L'air y est cependant un peu épuré depuis quelques années, qu'on a défriché la plaine dans laquelle elle est située. Argos et Naples de Romanie sont empestés par les marais de Lerne et d'Halcyone, qu'on nomme encore souvent aujourd'hui *Kefalia*, les Têtes.

Lorsqu'on se rend d'Athènes, soit en Aulide et à Négrepont, soit à Thèbes, la première moitié de la route, du moment qu'on a quitté la plaine d'Athènes, se dirige à travers une grande forêt de sapins [1].

[1] Lorsqu'on se rend en Aulide, cette forêt commence à cinq lieues d'Athènes, deux lieues derrière les villages de Mnidia (peut-être Pitane) et de Cefissia, la Cephissia des anciens, où le fleuve de ce nom a sa source. Lorsque c'est à Thèbes qu'on se rend, elle commence après qu'on a passé le sommet verdoyant de la montagne de Casha, autrefois Acharna, dont les habitans fournissent encore aujourd'hui du charbon à la ville.

Je n'ai plus trouvé en Aulide la moindre trace de palmiers. Pausanias doit s'être trompé, lorsqu'il parle

L'on se croit transporté dans un autre pays, ou même dans un autre hémisphère. Lorsque je passai ici au mois de septembre, on avait enlevé leur écorce à plusieurs de ces arbres, pour en faire découler la résine, qu'on mêle dans le vin nouveau, coutume qui est établie dans presque toute la Grèce, et sans laquelle on imagine que le vin ne saurait se conserver intact, mais qui en rend le goût insupportable. Cet usage est très-ancien. Plutarque dit, dans ses Entretiens de Table [1]: « Il est très-vraisemblable que la vigne tire

des dattes de cette contrée. « Il y a devant le temple « de Diane, » dit cet écrivain (*a*), « des palmiers dont « les fruits ne sont pas d'un aussi bon goût que ceux « de la Palestine, mais pourtant plus délicats que les « dattes de l'Ionie. » Nulle part en Europe, que je sache, les dattes ne parviennent à maturité, et dans l'Asie-Mineure elles ne réussissent plus au-delà de la Syrie. Pline l'observe (*b*), ainsi que Plutarque (*c*), et ils ne recommandent cet arbre en Italie et ailleurs, que pour son ombrage et ses branches qu'on emploie à divers usages.

[1] Liv. v.

(*a*) Béot. l. IX.
(*b*) XIII. 6.
(*c*) Symp.

« du sapin même une grande utilité, puis-
« qu'il a l'avantage particulier de conserver
« le vin. Par-tout on a la coutume d'en-
« duire de poix les tonneaux dans lesquels
« le vin est contenu, et même en plusieurs
« pays, tels que dans l'Eubée, et en Italie,
« le long du Padus, on mêle la résine avec
« le vin. . . . . . . De pareils ingrédiens ne
« donnent pas seulement au vin un parfum
« agréable, mais même l'ennoblissent en
« peu de tems, en ôtant à celui qui est en-
« core trop jeune ce qu'il a de crud et
« d'aqueux. »

Le pin était généralement consacré à Neptune et à Bacchus, et c'est pour cela que la pomme de cet arbre est placée au haut du thyrse des Grecs.

Le platane est maintenant l'arbre qu'on rencontre le plus fréquemment en Grèce, et celui qui y réussit le mieux. Dans le lit même de l'Ylisse, à Athènes, il en croît de frais et d'agréables, mais qui ne sauraient être mis en parallèle avec ceux qui se trouvaient sur la promenade de l'Académie, et dont Pline fait mention. Ceux-là étaient particulièrement renommés. Leurs racines s'étendaient à trente-trois coudées plus loin que leurs branches. Le même auteur parle d'un platane en Lydie, qui était connu de son tems, et dont la cavité intérieure avait quatre-vingt-un pieds de circuit. Lucinius Mucianus, qui parvint trois fois au consulat, y mangea avec dix-huit personnes. Auprès de cet arbre jaillissait une source. J'ai parlé de l'immense platane qui se trouve à Cos. Il y en a un plus grand et plus fort encore à Bostitza, où jadis était Ægée, le siége des députés de la ligue achéenne. Celui-ci n'a pas moins de trente-cinq pieds de périphérie, cinq de plus que celui de Cos; et cependant il ne produit pas un plus grand effet que ceux qui l'environnent, dont les tiges sont plus hautes, et le feuillage plus rond et plus plein. C'est sous son ombrage que l'on se rassemble aux jours de fêtes, et c'est à la fontaine que l'on n'a pas manqué d'y pratiquer, que les femmes ont coutume de venir laver. Je pense que cette fontaine doit être celle que l'on avait consacrée au dieu Pan, près du temple de Cérès Panachée. « Sur le rivage où l'on voit ce tem- « ple, » dit Pausanias [1], « est une fontaine

[1] Ach. liv. VII.

« qui fournit en abondance une eau claire « et très-agréable à boire. » Au reste Pausanias, dans sa description de l'Achaïe, parle souvent des beaux arbres, et particulièrement des platanes que produit cette contrée arrosée par tant de rivières, mais sur-tout de ceux qui sont sur les bords du Piérus, près de Pharé : « La plupart de « ces arbres sont creusés par l'âge, et leur « circonférence est telle que plusieurs per- « sonnes pourraient à l'aise manger et dor- « mir dans ces cavités. » Les platanes du bazar de Thèbes méritent aussi d'être distingués, et peuvent être mis à côté de ceux qu'on voit sur la rive du Pénée dans la vallée de Tempé.

La partie occidentale de l'Arcadie contraste entièrement avec celle qui est située vers l'orient. C'est celle-ci que je vis la première, m'étant rendu d'Argos par Naples de Romanie à Tripolitza. Trois lieues après les moulins de Naples, on arrive à un chan situé sur le plateau d'une montagne, et d'où la vue est magnifique, si l'on porte ses regards en arrière. La route était justement alors beaucoup plus animée que de coutume, la tournée d'inspection du pacha de

Morée, et la présence de la flotte du capitan-pacha dans le port de Naples, y répandant un mouvement extraordinaire. Un grand nombre de bras étaient occupés à couper le peu de bois qui se trouve dans les environs, et qu'on conduisait à l'escadre, chargé sur des ânes; d'autres y transportaient du biscuit de bord pour l'approvisionnement. Nous rencontrâmes aussi une caravane qui portait de la soie de Misitra à Patras. Ce n'est que lorsqu'on a atteint la partie la plus élevée de cette montagne escarpée et fatigante [1], que la vue peut plonger sur

[1] Cette route conduit à travers les montagnes de Parthénius et d'Artémise, et vers la fin, sur une partie du Mænalus, où il faisait déjà très-froid quand nous le passâmes au commencement d'octobre. Sur les montagnes de l'Arcadie, dit un ancien, il ne croît que des pins sauvages. Pour moi, je n'ai trouvé sur le Mænalus ni pins ni sapins, mais beaucoup de poiriers sauvages. Si au contraire, on vient de Phigalie (située maintenant entre Sidéro Castro et Pavlissa), à Triphylie, au sud des bouches de l'Alphée, on trouve dans cette contrée de très-belles forêts de sapins, et dans l'Élide, sur la frontière de l'Achaïe, des forêts non moins belles de chênes de vallonnée. En général rien ne présente un aspect plus triste que l'abandon dans lequel se trouve l'Élide. On voit,

une partie de l'Arcadie. Il y a ici dans la forme des vallons une expression singulière de calme et de repos. D'ailleurs, point d'arbres à l'entour ; tout est ras et dépouillé. Ces plaines, de même que celle de Tripolitza, sont toutes fort élevées. Mais celui même qui, transporté au hasard, ne saurait dans quelle région il se trouve, reconnaîtrait sur-le-champ qu'il est dans le pays des bergers ; et les grands et nombreux troupeaux de moutons que l'on rencontre ici beaucoup plus fréquemment que dans le reste de la Grèce, viennent encore le rappeler à chaque instant. Aux approches de l'hiver, on est obligé de conduire ces troupeaux dans les vallées basses d'Argos ou de Sparte, parce qu'ils ne pourraient résister aux neiges dont ces pays hauts sont couverts, et que d'ailleurs ils n'y trouveraient pas une pâture suffisante. Le manque d'eau ne permet pas de pratiquer des jardins dans les environs de Tripolitza ; ils ne produisent que du blé et un peu de

par le défaut de population, le plus fertile et le meilleur de tous les sols, dont le produit pourrait nourrir tant de milliers d'hommes, dénué de culture, et dans l'état le plus sauvage.

vin. Je crois que du nord-ouest jusque-là s'étendaient les champs azaniens, que les anciens nous dépeignent comme une contrée stérile de l'Arcadie, qui, se refusant à la culture, n'accordait que de minces moissons aux travaux des cultivateurs. C'est pourquoi on appelait *azanea mala* [1] une chose difficile et ingrate.

Si de Tripolitza on poursuit son chemin jusqu'à Sparte, en prenant sa route par Tégée, ce qui n'occasione qu'un léger détour, on passe différentes fois l'Alphée, ainsi que plusieurs de ses bras; sa pente ici est très-peu considérable. Mais le pays conserve sans interruption ce caractère pastoral qui lui est particulier, et un troupeau ne cesse de succéder à l'autre, jusqu'à ce qu'on soit arrivé au chan dit *Crio vrisi* (eau fraîche) à huit lieues de Misitra. Il n'y a pas un seul district dans toute la Grèce qui ressemble à celui de Tripolitza, si ce ne sont les environs de Janina en Epire, avec lesquels il a un rapport frappant.

Mais il en est tout autrement de l'Arcadie occidentale; c'est proprement là que

[1] Erasm. adag.

sont les titres de la gloire poétique de ce pays, et c'est-là qu'à Melpée, sur les montagnes Nomiques, Pan doit avoir inventé l'art du chant ou de la flûte. De petites rivières sans nombre viennent y aboutir, toutes de l'aspect le plus riant et prenant leurs sources dans les montagnes. La végétation y est magnifique, et c'est aussi dans cette partie de l'Arcadie, non moins que dans l'intérieur de la même province, que l'on trouvait une quantité de plantes renommées, soit pour leur utilité, soit pour leurs propriétés pernicieuses. C'est elle qui produisait le meilleur centaurium, la panacée, et même la petite herbe moly, dont les feuilles ressemblent à celles de l'oignon de mer, et dont la racine ronde et noire est de la grosseur d'une ciboule : entièrement conforme, dit Pline[1], à la description qu'en fait Homère.

Pausanias[2], parle du canton de Thisoïs, arrosé par cinq rivières, le Mylaon, le Rus, l'Achéloüs, le Céladus et le Naphilus, qui toutes vont grossir les eaux de l'Alphée. Sur la route de Phigali, je passai aussi le Plata-

[1] Liv. XXV.

[2] Arcadie, liv. VIII.

niston, dont le même auteur fait mention, et qui réellement semble avoir la propriété de féconder et nourrir les platanes, tant cet arbre y déploie de force et de majesté, et tant il efface les ormeaux, les hêtres et les chênes qui se trouvent dans son voisinage. Aussi regrette-t-on peu que les sapins n'y réussissent pas aussi bien, comme Pline le remarque déjà [1], ajoutant, après avoir dit qu'ils sont moins beaux en Arcadie qu'en Bithynie, dans le Pont et en Macédoine, que les plus mauvais de tous sont ceux du Parnasse et de l'Eubée, qui sont noueux, tors, et se gâtent facilement. Il y avait aussi plusieurs sortes de gibier dans les environs du Mœnale, et même des ours et des lynx. Au milieu des plus brûlantes ardeurs de l'été, les prairies arcadiennes ne perdent jamais leur fraîcheur ni leur verdure. L'ombre et l'humidité l'entretiennent et la fortifient sans cesse. Le pays ressemble assez à la Suisse, comme on peut remarquer en général beaucoup de rapport entre les anciens Arcadiens et les modernes habitans des Alpes. L'amour de la liberté s'y alliait aussi à la soif de l'or, et

[1] Liv. XVI.

par-tout où il y avait de l'argent à gagner, on était sûr de trouver des stipendiaires Arcadiens. Aux fêtes, dit Athénée[1], les maîtres régalaient les valets, et faisaient dresser une table où tous s'asseyaient sans distinction, et où la même coupe passait par toutes les mains; car le sentiment du juste et de l'injuste était gravé dans leurs cœurs. Mais ils n'avaient ni cette puérile subtilité de sentimens, ni cette mollesse sans laquelle nous ne saurions nous représenter un berger d'Arcadie. La lâcheté d'un chef arcadien ayant causé l'esclavage des Messéniens[2], les habitans de l'Arcadie y furent si sensibles, qu'ils le lapidèrent; ils érigèrent ensuite un monument de sa honte, et se firent un devoir de secourir ceux de leurs voisins, qui par la suite de cette circonstance, avaient été chassés de leur patrie.

Je vous ai dit précédemment, Madame, que la contrée prit une autre forme, lorsque je m'approchai du chan de Crio-vrisi, sur la route de Tripolitza à Sparte; là les montagnes commencèrent à déployer plus

[1] Liv. VII.

[2] Pausan. Messen.

de verdure, et le paysage perdit ce caractère pastoral et paisible qu'il avait eu jusqu'alors. On aperçoit aussi plus distinctement la chaîne des montagnes de Taygètes; tout s'agrandit, tout s'embellit. Les troupeaux de mouton diminuent, mais en revanche on voit paître de nombreux troupeaux de chèvres.

C'est sous cet aspect que se montre le pays, jusqu'à un monument qu'on aperçoit sur la gauche du chemin, et qui doit être celui d'un Tartare massacré par des brigands. Mais près du chan dit *Vourliotico*, (de vourla, natte de paille) qui n'est pas à plus de trois lieues de Misitra, le chemin change de direction, et se rapproche de l'Eurotas. J'ai déjà cité ce fleuve comme un des plus agréables qu'il y ait en Grèce. Depuis que je l'ai vu, j'ai peine à croire aux paroles de Pausanias [1]. « Qu'Eurotas, « petit-fils de Lelès, dirigea dans la mer, « par le moyen d'un canal, cette eau qui « jadis ne formait qu'un lac, et que de« venue un véritable fleuve, elle porta « depuis le nom de celui qui lui avait « donné le mouvement. » Ce fleuve a quel-

[1] Laconie.

que chose de si singulièrement animé, son cours est si libre, son lit a si peu l'air d'un canal, qu'on ne saurait y découvrir la moindre trace du travail des hommes; on ne trouve non plus dans le voisinage aucun lit abandonné. Du reste il se déborde encore assez volontiers.

Un rang de collines volcaniques se prolonge à travers la vallée où dominait autrefois Lacédémone, et forme les collines de cette ville. Le Taygètes escarpé et très-coupé, porte aussi un caractère volcanique. Les ruines de Sparte sont maintenant très-insignifiantes. Pendant que nous nous y trouvions, milord Aberdeen fit ouvrir un des tombeaux qui sont devant le théâtre, et qui doit par conséquent, d'après Pausanias, être celui de Léonidas, ou de Pausanias. Mais nous ne trouvâmes dans l'intérieur absolument rien de remarquable, non plus que dans la structure extérieure. Il consistait en grandes pierres taillées en carré, et n'était qu'un simple cénotaphe.

A une lieue et demie environ de ces ruines, lieu qu'on nomme aujourd'hui Paléo-Chorion (*le vieux village*), on passe l'Eurotas sur un pont antique, et l'on rencontre d'espace en espace beaucoup de restes d'aqueducs romains en briques. Misitra est située derrière le Taygètes, dans une vaste plaine, remplie d'oliviers, de mûriers, de champs de blé et de maïs, et de jardins très-rians. Je me crus transporté tout d'un coup à Brussa et dans les magnifiques contrées de l'Asie Mineure. Les orangers y demeurent impunément en plein air pendant les quatre saisons de l'année. Je visitai un de ces jardins où on les cultive, dans le voisinage d'Amiclée (Slavo Chorion); les fruits sont excellens, et la culture en est parfaitement bien entendue. On nous fit goûter des limons entés avec un tel art, que les couches en étaient alternativement aigres et douces [1].

[1] On n'entend pas moins bien cet art en Sicile. Les anciens mettaient beaucoup de prix à ces bizarreries. Dans son examen de la question : *Pourquoi les sapins, etc. ne pouvaient être entés*, Plutarque dit : « A un repas que nous donna un jour Soklarus, dans « son jardin qu'entoure le Céphisse, il nous montra « plusieurs arbres auxquels la main du jardinier avait « fait subir différens changemens. Nous vîmes, par « exemple, le lentisque porter des branches d'oli-

Misitra fait aussi un commerce de soie assez considérable, et en envoie tous les ans, soit en France, soit en Russie, soit à Chio, etc., vingt-cinq mille ockes (à quatre cents drachmes). Avant l'irruption des Russes, et la dévastation des plantations de mûriers par les Albanais, l'exportation de cet article doit avoir monté au double, c'est-à-dire à cinquante mille ockes. Un peu au nord de la ville actuelle, dont on évalue la population à six mille ames, est située la Misitra des Vénitiens, avec son château; on construisit celle d'aujourd'hui, après que celle-là eut été abandonnée. Presque toutes les maisons, ainsi que la métropole et plusieurs autres églises, s'y trouvent encore très bien conservées, et présentent le triste et singulier aspect d'une ville dont toute la population semble avoir péri d'un coup de baguette; car à l'exception de l'évêque, elle n'a pas un seul habitant. Les femmes de Sparte sont fortes, mais belles,

« vier, et le myrte porter des grenades. Il y avait des « chênes qui produisaient de très-bonnes poires, « tandis que des platanes produisaient des pommes. « L'on voyait sur des figuiers croître des rejetons de « mûrier, etc. »

et infiniment au-dessus des Athéniennes. La ville est gouvernée par un voïvode. Les Turcs, quoiqu'en assez grand nombre, n'y exercent pas de tyrannie; ce qui pourrait provenir de la crainte qu'ils ont des Mainotes [1], crainte qui est si dominante à

[1] L'on ne sera peut-être pas fâché de trouver ici une courte notice sur cette terrible peuplade. Je la dois en grande partie à M. de Bénaki, consul-général de Russie à Corfou, et chevalier de l'ordre de Sainte-Anne, qui est né à Calamata en Messénie, et dont le père était bey des Mainotes. Il est intéressant aussi de relire ce qu'en dit Pauw, à la fin de ses *Recherches philosophiques sur les Grecs*. Quoique ce dernier soit loin d'en parler favorablement, le chevalier Bénaki était forcé de reconnaître l'exactitude de presque tous les faits qu'il avance. Leurs pirateries sont affreuses. Malheur aux marins qui sont jetés sans défense sur leurs côtes; ils ne se contentent pas de dépouiller leurs victimes, ils les massacrent sans pitié (*a*). Leurs principaux ports sont : Kitries, à neuf lieues d'Audruzza en Messénie, vis-à-vis de Coron; Vitilo, entre Maléa et le promontoire du Tœnare; Marathonisi, dans les environs de l'ancien Trinisi et de Githiums; et enfin Porto-Cavo, situé près du cap du Tœnare, et dont ils ont fait le siége principal de leur brigandage. Le nombre des Mai-

(*a*) *Voyez* aussi Spon, *Voyage de la Dalmatie et de l'Arch.*, tom. I.

Sparte ; que plusieurs habitans n'avaient osé, depuis plus d'un an, visiter les champs

notes sur le Taygètes et dans les lieux que je viens de nommer, peut bien se monter à vingt mille. Kitries, la capitale et la résidence des beys, n'a été bâtie par Zanéto Cutuffari, qu'après l'évacuation de la Morée par les Russes. Avant lui, il n'y avait point à Maina de beys reconnus et avoués par la Porte. Il n'obtint cette dignité qu'en représentant au capitan-pacha Hassan, combien de sang et de peine il en coûterait pour subjuguer entièrement les Mainotes, et qu'il serait bien plus sage de leur laisser leur ancienne constitution, en leur préposant un homme qui, étant de leur religion, ne leur inspirerait point de répugnance. En revanche, il promettait pour lui et ses subordonnés, soumission au sultan, et s'engageait à lui payer un tribut, qu'il acquitta en effet régulièrement, jusqu'à ce qu'épuisé par les constructions de Kitries, le paiement lui en devint impossible. Un autre mit l'enchère sur lui, et plusieurs se supplantèrent de la sorte. Celui d'aujourd'hui s'appelle *Antoine Bey*; il a assez bien réussi à appaiser les querelles qui divisaient les chefs des différentes bandes, sur-tout depuis la chute de Zacharie, le plus brave, mais le plus remuant et le plus impitoyable de tous ces brigands. Il était sur-tout renommé pour posséder le don de prévoir les événemens prochains, par les entrailles et les ossemens des agneaux, ce qui l'avait soustrait à beaucoup de dangers. C'est ainsi qu'un jour il était déjà presque ni les jardins qu'ils possèdent du côté d'Amiclée, bien que la distance ne soit que d'une lieue et demie. Lorsque nous nous y rendîmes, plusieurs propriétaires nous suivirent, se croyant en sûreté sous notre protection.

Les platanes du Plataniston (près de l'ancienne Lacédémone) ne valent plus la

cerné par les Turcs, lorsqu'en égorgeant un agneau il reconnut tout-à-coup le danger qui le menaçait, et eut encore le tems de se sauver avec une vingtaine des siens. On raconte aussi de lui quelques traits de noblesse d'ame, et son nom a été souvent célébré dans des chansons. Chérémet Bey, capitaine de frégate turc, qui arriva avec une escadre à Marathonisi, dans l'été de 1803, s'empara des femmes et des enfans de plusieurs des Mainotes qui servaient sous Zacharie, et menaça de les emmener, ou même de les mettre à mort, si leurs parens ou époux ne les rachetaient de la tête de leur capitaine. Ils le fusillèrent effectivement dans une embuscade, et sa tête fut envoyée à Constantinople. On y avait conçu de grandes inquiétudes à son sujet, et l'on craignait qu'il ne suscitât des troubles plus considérables dans la Morée, parce que l'on prétendait savoir qu'il était un de ceux auxquels la corvette l'*Arabe* avait apporté de la poudre et du plomb. L'on m'a même parlé d'une fête que ses gens avaient donnée pour l'amusement du capitaine français.

peine d'être cités. Je vis en revanche dans le voisinage de Misitra un cyprès monstrueux, qui n'avait pas moins de trente pieds de circonférence. Il est sur la montagne et entouré d'un mur, le tout formant un repos ; on a aussi conduit de l'eau pour en arroser les racines. Il ne surpasse pas en volume le platane de Cos, mais une pareille circonférence est beaucoup plus rare dans un cyprès [1].

Permettez-moi de faire en passant une observation qui doit se présenter assez na-

[1] Je n'en ai jamais vu, ni dans la forêt de Cyprès qui s'est formée sur les tombeaux de Scutari, ni parmi ceux du pont de la caravane à Smyrne, ni à Péra et Cassim Pascha, ni enfin dans quelque partie que ce soit de l'Asie-Mineure, qui égale celui qu'on voit près de Misitra. Le cyprès est l'arbre de prédilection des Turcs ; mais ce n'est pas seulement chez eux un signe de deuil, qu'ils placent à la tête et aux pieds des morts, ils en adaptent le dessin par-tout où cela leur est possible : sur les murailles, sur la bordure des schawls, sur leurs ouvrages d'orfévrerie, et jusque sur la plaque d'argent que portent à leur uniforme les officiers des troupes régulières du Grand-Seigneur ; toujours avec la tête un peu recourbée, comme si elle cédait au vent.

L'on a l'anecdote d'un ancien peintre grec qui avait acquis une grande force dans l'art de peindre

turellement à l'esprit du voyageur, lorsqu'il prend la peine de comparer entr'elles les différentes contrées de la Grèce. Si le climat et la nature du pays avaient sur le caractère des nations l'influence que quelques philosophes ont voulu leur attribuer, comment se ferait-il que cette Sparte si riante et si féconde, où tout semble inviter au plaisir, eût produit le plus inquiet, le plus hardi, le plus farouche et le plus impitoyable de tous les peuples; tandis que ces Athéniens qui toujours sacrifièrent aux Muses et aux Grâces, ces hommes si aimables et si frivoles, qui victorieux ou vaincus, le front couronné de violettes, passaient doucement leur vie dans les jouissances de l'esprit et des sens, n'habitaient qu'un sol hérissé de rochers, où l'olivier seul peut réussir, qui n'offre de nourriture qu'à la chèvre et à l'abeille?

Encore une récapitulation avant de terminer ces lettres, où j'ai déjà peut-être trop abusé de votre patience.

les cyprès. Quelqu'un qui venait d'échapper à un naufrage, étant venu lui commander un *ex-voto* : « Ne ferai-je pas bien de t'y peindre un cyprès ? » lui demanda le peintre. Ce qui a passé en proverbe.

Les formes les plus nobles sont celles de l'Attique, après lesquelles je placerais celles de la Thessalie et sur-tout des environs de l'Æta; le paysage de Sparte unit la beauté à l'abondance, et jouit aussi de l'avantage d'un coloris agréable, de même que la nébuleuse Béotie, et l'Arcadie si féconde en sources, et qui est aussi, après l'Acarnanie, la plus abondante en bois. Le Parnasse est une belle montagne, mais sans rien offrir qui mérite d'être distingué. L'Hélicon n'a plus de bosquets. La Messénie est très-romantique; sur-tout si du haut de l'Ithome la vue plonge dans la plaine de Sténiclerlos, ou s'arrête sur les rives du Pamise et de la Néda [1].

L'on trouve quelques effets singuliers en Messénie, en Arcadie et dans la Phocide; il y a dans cette dernière un endroit vraiment frappant, là où le chemin forme une

[1] Non loin de Mavromati, (Messene) sur la hauteur qui fait face à la montagne d'Evan, est un couvent du moyen âge, d'où l'on jouit d'une des plus belles vues de mer qu'il soit possible d'avoir. Les vallons à nos pieds ne nous paraissaient pas avoir la couleur verte ordinaire aux herbages, mais plutôt le pourpre de la bruyère en fleur.

fourche, lorsqu'on descend de Delphes à Lébadée, et sur ce même lieu où OEdipe a dû tremper ses mains dans le sang de son père. On y voit encore des ruines qui vraisemblablement sont celles du tombeau de Laïus. Tout autour sont éparses de grandes masses de pierres. C'est de là que Prométhée tira la masse dont il forma ses hommes [1].

J'ai essayé dans ces lettres, Madame, de vous peindre le tableau qu'ont présenté à mes yeux quelques-uns des sites les plus remarquables de la Grèce. J'ignore si j'y ai réussi, et si ce que j'ai dit n'aura pas diminué pour vous le charme qui s'attache à cette terre classique.

[1] Pausanias dit (*a*) : « Les Panopéens montrent « certaines pierres qui se trouvent dans un chemin « creux, et dont chacune est assez grosse pour faire « la cargaison entière d'une voiture. Elles ont la « couleur de l'argile mêlée, non avec de la terre, « mais avec du sable, tel qu'il se trouve dans les « fossés ou dans les ruisseaux que forment les pluies. « Elles ont une odeur qui ressemble à celle de la peau « humaine. L'on prétend qu'elles sont des restes de « la matière dont Prométhée a formé l'espèce hu- « maine. »

(*a*) Phoc. liv. X.

Beaucoup jugeront sans doute comme Tite-Live, lorsqu'il décrit le voyage d'automne de Paul-Emile, après la défaite de Persée. « Il résolut de parcourir la Grèce, « pour voir ces objets, qui ennoblis par la « renommée, sonnent beaucoup plus haut « aux oreilles qu'ils ne se présentent aux « yeux. » C'est ainsi que les Africains demandaient à Mongo-Park, s'il n'y avait dans son pays, ni fleuves, ni arbres, ni chaumières, puisqu'il venait de si loin pour en visiter chez eux ?

SUR LES TURCS,

LEUR CONSTITUTION, LEURS MOEURS, LEURS USAGES ET L'ÉTAT DE LEUR CIVILISATION.

Comme je me propose de consacrer aux Grecs un chapitre particulier, qu'il me soit permis de jeter ici quelques idées générales sur les Turcs. Je ne prétends point me constituer leur panégyriste, mais je ne puis non plus acquiescer à l'avis de ceux qui ne voient en eux que de véritables barbares.

Nous nous faisons d'ordinaire sur les Turcs des idées assez singulières. Les uns ne se les représentent que comme un amas d'hommes qui, nonchalamment assis devant des maisons en ruines, passent les journées entières à s'enivrer d'opium, ou exclusivement livrés aux plaisirs des sens, consument toute leur vie avec les femmes, dont ils leur assignent libéralement à chacun une demi-douzaine. D'autres qui se sont fait une très-haute idée de la magnificence orientale, ne voient là que perles et diamans, or et étoffes précieuses; et d'autres encore se figurent qu'on ne saurait y vivre que dans des alarmes perpétuelles, que sous un glaive toujours prêt à frapper. Les voyageurs même et les étrangers n'y sont pas, selon ceux-ci, exempts de trembler pour leurs jours.

Les Turcs sont une race d'hommes belle et robuste; ceux de l'Asie sur-tout se distinguent par la beauté et la richesse de leur taille. Leur physionomie est généralement pleine d'expression et de force; rien de plus rare que d'y rencontrer des êtres contrefaits et disgraciés par la nature. Les maladies y sont infiniment moins communes que chez nous, et beaucoup d'entr'eux parviennent à une vieillesse exempte de toute infirmité. Quoique des jouissances précoces et auxquelles ils se livrent sans ménagement, les émoussent et les usent à certains égards avant le tems, cela n'a d'ailleurs aucune influence sur leur constitution, qui se soutient d'un autre côté par un genre de vie plus simple.

L'on ne saurait nier que sous le rapport des sciences, des arts et de l'industrie manufacturière et commerciale, ils ne soient restés infiniment en arrière des nations chrétiennes. Il n'y a qu'un très-petit nombre d'objets de fabrique, à l'égard desquels nous ne sommes jamais parvenus à les atteindre. Leurs armes, leurs schawls, leurs tapis, quelques étoffes richement tissues, un petit nombre d'essences et de parfums, voilà des articles qui chez eux obtiennent encore la supériorité; et ce n'est pas sans quelque étonnement qu'on y reconnaît les mêmes objets pour lesquels, dans l'antiquité, la Perse et l'Asie l'emportèrent toujours sur la Grèce si cultivée, comme s'ils avaient été destinés de tout tems à former l'héritage et le patrimoine de ces pays.

Il serait superflu de développer ici comment la religion de Mahomet est si essentiellement ennemie des beaux-arts, qu'à grand'peine elle s'abstient d'en détruire les restes précieux, et que l'architecture est le seul dont elle ait daigné faire quelque usage. Il ne se fait plus une seule statue chez ces peuples, et la peinture ainsi que le relief n'y sont employés qu'à des décorations. Il leur est enjoint d'invoquer très-fréquemment le nom de Mahomet et de ses successeurs, et ils se les représentent par des caractères gravés avec ornement sur des tables, qu'ils suspendent dans les mosquées et autres bâtimens, ou même ils se contentent de les écrire sur des murailles. Sur le milieu de ces tables ils font une description du Prophète, dans laquelle ils lui attribuent : un visage rouge et alongé, un nez mince, des yeux bleus, une barbe noire de huit pouces de long, une poitrine large, des reins étroits, des mains rondes avec de longs doigts, des pieds larges, etc. Mais il leur est défendu de rien peindre de sa personne, si ce ne sont ses pieds et ses mains, ou la rose qui doit être sortie de sa sueur lorsqu'un jour une goutte en découla sur la terre.

Rien d'animé ne doit être l'objet de la peinture ; car « les images de tout ce qui « est animé se présenteraient au peintre « au jour du jugement, et lui demande« raient compte de ce qu'il leur aurait « donné un corps sans ame. » D'ailleurs jamais ange n'entre dans une maison où il se trouve des représentations d'hommes ou de chiens. Le sultan Murad IV, le vainqueur de Babylone, est le seul de tous les empereurs Turcs qui ait orné de tableaux sa chambre à coucher dans le sérail, et ses successeurs ne manquèrent pas de les effacer. Il s'est conservé long-tems dans une maison sur le canal de Constantinople, non loin du village de Beykossi, des tableaux de cette époque, représentant des personnes qui poursuivaient des cerfs ou des loups à la chasse, ou d'autres qui buvaient et mangeaient, etc. On dit aussi que les portraits des empereurs se trouvent dans la salle de leur bibliothèque, et j'ai vu moi-même des lions et des monstres appliqués à des bâtimens, tels par exemple qu'à la mosquée des *Mévélovi* ou derviches tourneurs, à Péra. Mais les Persans peignent des figures entières, et en ornent leurs écrits historiques. Aussi les Turcs font-ils mention d'un peintre persan qui imagina une pose très-ingenieuse pour le grand Tamerlan. Ce conquérant était boiteux de la hanche droite et borgne de l'œil gauche; l'artiste s'avisa de le dessiner au moment où il tirait de l'arbalète, fléchissant à cette fin la hanche droite, en même-tems qu'il fermait l'œil gauche, comme on a coutume de faire en visant. Je ne doute pas que les Turcs, s'ils s'appliquaient à la peinture, ne devinssent de très-grands coloristes, d'après le goût décidé qu'ils ont tous pour les couleurs vives et belles. Il suffit d'en citer pour preuve la manière dont ils s'habillent, ainsi que leurs superbes tapis, et les bordures inimitables de leurs schawls, où toutes les couleurs sont claires et fortes, sans avoir jamais rien de trop tranchant. Il ont cela de commun avec les Italiens, qui aiment également les manteaux rouges, et tout ce qui a de la variété et de l'éclat; tandis que la mode ne tolère chez nous que les couleurs tristes et sombres des Anglais, qu'il nous plaît de nommer simples et modestes.

La plupart des maisons et des villes en Turquie, sont bâties en bois, et vivement colorées ce qui est même une prérogative des Musulmans; les Grecs, les Arméniens et les Juifs étant obligés de peindre en noir ou brun-foncé leurs maisons et leurs bâtimens. Beaucoup de ces maisons turques en bois sont spacieuses, et ne laissent pas que d'avoir leur agrément ; ils tiennent sur-tout à ce qu'elles aient un grand nombre de croisées, beaucoup de lumière et de vue. C'est un grand plaisir pour eux que de faire bâtir et de diriger eux-mêmes la construction de leurs bâtimens, et le fils même n'habite pas volontiers la maison que son père lui a laissée ; il la fait abattre, pour la reconstruire d'après son propre goût ; ce qui fait que la construction en bois leur convient mieux qu'une autre plus solide. Leurs mosquées, leurs marchés ou bazars, leurs auberges ou chans ont souvent très-bonne mine, et quelquefois même un certain aspect de grandeur. Par-tout ils placent des fontaines. Le climat, aussi bien que le rit religieux, leur rendent indispensable un fréquent usage de l'eau ; et les Albanais ont donné de grandes preuves de leur habileté dans la construction des aqueducs. Les ornemens de leurs kiosks, etc., sont généralement en or et bleu d'azur, dans le goût des Maures, tel que je l'ai vu en Sicile, et tel qu'on le trouve en Espagne.

Chaque nation a dans son histoire une époque de prédilection, qui est celle de son plus grand éclat politique. Le goût se conserve long-tems dans le même état où il se trouvait alors; et c'est ainsi que l'architecture et la musique sont encore, à peu de choses près, aujourd'hui chez les Turcs, ce qu'elles étaient au commencement du seizième siècle, avant que la régénération de l'Occident eût entièrement éclipsé la culture maure et arabe, ainsi que la poésie persanne. Si le germe des arts renaissans commençait à peine à se développer lentement et en silence dans les autres états de la chrétienté, lorsque l'Italie plus précoce déployait déjà toute la richesse des siens, il n'est pas étonnant que les Turcs, déjà en possession de beaucoup d'avantages qui leur étaient propres, ne se montrassent pas les plus empressés à adopter les découvertes de leurs ennemis et de ceux de leur foi, lorsqu'elles n'avaient pas de rapport à l'art militaire. Ils demeurèrent donc tels qu'ils étaient, ou bien ils se contentèrent de polir et de perfectionner ce qu'ils possédaient en propre.

Dans le dix-septième siècle, la puissance des Ottomans s'arrêta dans sa marche progressive, ou plutôt elle atteignit cette époque critique de stagnation, dans laquelle une nation, sans faire encore de pas en arrière, a déjà cessé d'en faire en avant, et où ceux qui la gouvernent s'efforcent de maintenir l'ancien état de choses, se figurant qu'il ne manquera pas de reproduire les anciennes victoires. Le dix-huitième siècle vit déchoir totalement la gloire des Orientaux; mais alors il était trop tard pour revenir sur le passé; et essayer d'atteindre ce qu'on avait trop long-tems dédaigné. Désormais la lacune est trop forte : le découragement est venu, et tout se précipite vers sa chute. L'Etat ne cessera plus de languir, jusqu'à l'entier assujétissement des Turcs, lorsque de nouveaux maîtres, connaissant mieux le prix de la culture, les enverront, en dépit d'eux-mêmes, à l'école; et alors, mais seulement alors, les germes heureux qu'ils ont reçus de la nature ne tarderont pas à se développer. Car ces pas mal assurés que l'on hasarde aujourd'hui à Constantinople; l'établissement d'une imprimerie à Scutari; la formation d'une armée permanente, que l'on n'a pu porter encore à dix mille hommes ; les efforts que l'on fait pour encourager l'étude des langues européennes, et dont le ministre des affaires étrangères, Mahmoud-Effendi, a donné un glorieux exemple par son écrit : *Tableau des réglemens*, etc., etc., tous ces pas sont louables sans doute, mais c'est l'établissement d'une colonie impuissante sur un territoire ennemi, c'est un édifice sans fondement.

Rien ne me paraît avoir plus de ressemblance avec l'état actuel de la Turquie, rien ne me semble par conséquent plus propre à en donner une assez juste idée, que la constitution de l'Allemagne au moyen âge. Qu'on se figure donc les Musulmans comme la classe armée, tels qu'étaient les chevaliers et les écuyers, ou les citoyens de la ligue Anséatique. Les Grecs, au contraire, ainsi que les Arméniens et les Juifs, ne sont que des paysans, des ouvriers ou de pauvres marchands sans défense, que cette caste privilégiée, toujours en embuscade pour les surprendre, pille, dépouille, suce impitoyablement, sans trouver à cela la moindre chose que l'honneur ou la morale puissent réprouver. Ramenez ces mêmes hommes dans leur château, les voilà tout d'un coup devenus généreux, probes, hospitaliers, loyaux et délicats jusqu'au scrupule. C'est ainsi que ce même Turc qui fait expirer un Grec sous les coups pour lui arracher son or, gardera pendant des années entières, sans y toucher, le trésor qu'on a confié à sa foi. Il se permettra toutes les embûches pour perdre son ennemi, comme il est capable de tous les sacrifices pour sauver son ami. Celui qui a vu les Turcs de près ne saurait les haïr, et aura sûrement été touché en plus d'une occasion de l'hospitalité franche et généreuse qu'il aura trouvée parmi eux. Ce n'est que dans les pays où les présens considérables des étrangers les ont gâtés, et là encore où, comme quelquefois en Grèce, ils se sont laissé gagner par la contagion de l'exemple des indigènes, qu'ils accueillent les étrangers dans des vues intéressées. L'on est forcé quelquefois d'admirer chez eux des traits d'une grandeur d'ame peu commune, et l'on s'étonne, comme dit Gothe, « de rencontrer un cœur humain « au milieu de la plus profonde corruption ! »

Le grand-visir actuel, qui d'ailleurs, sous

le rapport des talens militaires, ne s'est pas fait connaître fort avantageusement en Egypte, jouait un jour au djirid avec ses domestiques, à l'époque où il n'occupait encore qu'un emploi subalterne. L'un d'eux l'atteignit si malheureusement de son javelot, qu'il lui creva un œil. On le rapporta chez lui baigné dans son sang. Lorsqu'il fut un peu revenu à lui-même, ce malheureux esclave se jeta à ses pieds pour implorer sa miséricorde. « Va, » lui dit tranquillement le visir en lui présentant sa bourse, « prends cet argent; reçois ta li-
« berté, et éloigne-toi le plus vîte qu'il
« te sera possible; car malheur à toi, si je
« viens à t'apercevoir dans un autre mo-
« ment, et que ma colère s'irrite par la
« pensée que c'est toi qui m'as mis dans ce
« cruel état. »

On a souvent fait l'observation que les musulmans traitaient leurs esclaves comme des membres de leur famille. Il est rare qu'un riche vienne à mourir sans leur accorder la liberté par son testament; et leur douceur envers cette classe malheureuse, doit faire la honte des Européens dans l'Inde.

Leurs principes sur la conduite des enfans envers leurs père et mere sont très-bons. « Celui qui visite son pays natal et les « auteurs de ses jours, n'acquiert pas moins « de mérite que celui qui fait le pélerinage « de la Mecque. » Le sultan lui-même témoigne la plus grande déférence pour sa mère, la sultane Validé, ce qui donne à celle-ci une influence très-considérable. Il n'y a que l'ambition à laquelle ils ne résistent pas toujours : chez eux l'ambition brise tous les liens, et arme souvent le père contre le fils, et les frères l'un contre l'autre.

Comme on voyait souvent, dans le moyen âge, des gouverneurs de province et des souverains de principautés qui ne savaient ni lire ni écrire, il en est quelquefois de même des Pachas; et ceux-ci prennent des derviches pour secrétaires, comme ceux-là prenaient des moines. Mais au milieu de leur ignorance, ces chevaliers entendaient assez bien l'art de gouverner, et l'appréciaient par-dessus tout. Ils savaient défendre leurs franchises et leurs droits, et cherchaient à briser avec violence tout lien qui les entravait; de même les Turcs se soulèvent, si l'on fait mine de vouloir les dépouiller de l'autorité dont on les a revêtus.

Tout ce qui appartient à la caste privilégiée, c'est-à-dire tout ce qui professe la religion musulmane, se croit susceptible des plus hautes dignités de l'Etat; et il n'y a pas de janissaire dans les rangs les plus subalternes, il n'y a pas même de portefaix, qui ne vous remercie le plus sérieusement du monde, si vous lui souhaitez le poste de grand-visir. De-là cette gravité et cette dignité qu'on leur remarque à tous, depuis le plus considérable jusqu'au plus chétif, et que rien ne saurait mettre en défaut; et c'est aussi ce qui explique cette égalité d'ame qu'ils opposent à tous les revers de la fortune. Ce qu'un jour leur enlève, le lendemain le leur rendra peut-être. Mahmoud-Effendi n'était que secrétaire d'ambassade en Angleterre, il est fait immédiatement ministre des affaires étrangères; tandis qu'Ali-Effendi, qui a été ambassadeur à Paris, n'est plus aujourd'hui que greffier de la chambre du trésor. Le dernier capitan-pacha était un esclave d'Alger; celui qui l'est aujourd'hui est un renégat grec. Rien n'égale la rapidité des changemens qui mènent de la pauvreté à la fortune, et de la fortune à la misère. Accoutumés à d'autres formes, cet état de choses ne peut manquer de nous paraître fort étrange; mais n'en était-il pas de même, après tout, des bourgeois de l'ancienne Rome, dans ce qui formait proprement l'enceinte de la ville : y être né, et de condition libre, donnait droit à la domination du monde. Ce que la localité donnait là, la profession religieuse le donne ici; et quoique le Grand-Seigneur ait constitutionnellement un pouvoir illimité, et le droit absolu de vie et de mort sur tous ses sujets, néanmoins, après lui, tout est à-peu-près égal; et peut-être, dans le fait, a-t-il tout aussi peu de moyens d'exercer sa puissance sur des provinces éloignées, que n'en avaient les empereurs d'Allemagne, avant la paix du pays, d'exercer leur suzeraineté sur leurs grands vassaux. Le droit du plus fort régnait alors, et c'est quelque chose d'assez semblable qui règne aujourd'hui dans ces contrées.

L'Empire turc est, par sa constitution, un état purement despotique, qui a tout aussi peu besoin de l'appui de la noblesse que celui qui est purement républicain. A l'exception des héritiers du trône, il n'est pas un seul individu auquel le droit de sa naissance accorde la préséance sur un autre, puisque tous les Mahométans sont également nobles. Les fils d'Ibrahim Chan et de Kiuperli sortent seuls de cette règle, depuis que de la race de ces derniers surtout, il est sorti quatre visirs qui, par leurs actions héroïques, et plus encore par leurs connaissances et l'exercice inaltérable de la justice, surent se mettre, parmi le peuple, dans une considération particulière.

Mohammed I.er revenait d'une campagne en 1421, lorsqu'il tomba malade et mourut. Sa dernière volonté nommait son fils Murad héritier de l'Empire; mais comme celui-ci se trouvait alors avec une partie de l'armée en Romélie, le grand-visir Ibrahim cacha pendant quarante et un jours la mort de l'empereur, et dans cet intervalle, administra toutes les affaires comme s'il avait agi par ses ordres; jusqu'à ce qu'enfin Murad arriva, auquel il remit l'armée et l'Empire, et qui aussitôt fut reconnu empereur. En récompense de sa fidélité,

Ibrahim reçut du sultan Murad, pour lui et sa descendance, le titre de Chan, que jamais on n'accorde à d'autres qu'aux rois de Perse et aux souverains de la Tartarie. L'on trouvera à peine une ville de quelque importance, pourvu qu'elle ait été sous la domination turque du tems d'Ibrahim, dans laquelle ce visir n'ait fait quelque fondation pieuse. Ses fils, Ibrahim-Chan-Ogli, ne prenaient jamais d'épouses légitimes, ne trouvant point de sang qui fût digne du leur : ils avaient seulement des concubines comme le sultan. Une loi de leur illustre aïeul leur défend de briguer aucun emploi public, et leur presc it de n'exercer que la surintendance de mosquées fondées par leur famille. Cette injonction a eu pour motif la crainte qu'ils n'éprouvassent le sort commun des visirs, d'être dépouillés de leurs biens. Les sultans ne sauraient non plus les contraindre à accepter d'emploi. Le diplome que Murad leur a donné à cet effet, a été confirmé par l'empereur Soliman. Ils jouissent de beaucoup d'honneurs de la part du Grand-Seigneur. Il les visite deux fois l'an, leur adresse la parole, et leur accorde auprès de sa personne une entrée plus libre qu'aux autres grands. Cantemir, qui est mort en 1723, a connu lui-même un descendant de cette famille : je ne sais s'il en subsiste encore, non plus que de celle des Kiuperli.

Mehemet-Kiuperli-Ogli devint visir dès sa dix-septième année. Les Turcs le nomment « le vicaire de l'ombre de Dieu, la « lumière et l'éclat des peuples les plus « beaux et les plus aimables de la terre, « l'inspecteur et le gardien des lois les « plus sacrées, celui qui a brisé les clo-« ches des peuples qui blasphèment le nom « de Dieu, l'intrépide capitaine, etc. » Il est le seul de tous les visirs qui ait reçu cette dignité de son père, et qui l'ait transmise à ses descendans.

Les Evladi-Raçoul-Allah, les fils de l'envoyé de Dieu, les émirs proprement dits (gens de distinction), tirent leur origine de Fatime, la fille de Mahomet, et portent pour signe de leur descendance du Prophète, un mouchoir vert autour de leur turban. Cette distinction étant provenue d'une femme, se transmet par la mère aussi bien que par le père; ce qui fait qu'ils se sont tellement multipliés, qu'en plusieurs endroits, et notamment dans quelques villages de l'Asie Mineure, ils composent la plus grande partie de la population. Il y en a même de couleur noire, provenus de la fille d'un émir et d'un nègre. L'on en remarque beaucoup parmi les porte-faix, dans les ports de Constantinople et de Smyrne. Autrefois on les choisissait de préférence pour remplir les fonctions religieuses. La seule prérogative dont ils jouissent maintenant, c'est d'avoir droit d'exiger qu'une sentence qui les condamne leur soit prononcée par un membre de leur tribu, quoique d'ailleurs ils soient actionnables devant les juges ordinaires. Mais j'eus occasion de voir combien ceci même est peu observé, par la conduite que tint Kara-Osman-Oglu, qui réside à Pergame et à Magnésie sur le Sypile. Un émir ayant commis une faute, et prétendant se prévaloir de sa prérogative, il lui fit enlever son turban vert, qu'on porta dans une chambre voisine; après quoi il lui fit appliquer la bastonnade. Comme à la fête du Baïram, je me rendais de Thiatire à Magnésie sur le Méandre, nous rencontrâmes un émir à moitié ivre, loueur de chevaux dans cette dernière ville, et qui en conduisait deux. Une grande bouteille d'eau-de-vie pendait à l'arçon de sa selle, et il nous invita joyeusement à en boire avec lui. Voyant que nous nous y refusions, il se mit à en avaler lui-même, ayant soin seulement d'ôter son turban, chaque fois qu'il se permettait cette infraction à la loi du Prophète.

Les Turcs prétendent que, jusqu'à leur quarantième année, les émirs ont beaucoup de sagesse et de savoir, mais qu'alors ils deviennent imbécilles. Quoiqu'ils regardent ceci comme un signe céleste de leur origine, ils n'en disent pas moins en proverbe, en parlant d'un homme borné : « Il est sûrement de la race des « émirs. »

Maintenant que la faiblesse du Gouvernement va toujours croissant dans une progression très-rapide, il se forme une sorte de noblesse, en ce que les pachas rebelles, et ceux que la Porte est contrainte de ménager, pour ne pas les porter aussi à la rébellion, travaillent à rendre leurs dignités héréditaires. Il y a aussi dans les villes certaines familles qui se sont élevées à une consistance qu'elles commencent à consolider. L'empereur n'est plus en état de résister à ses ennemis, tant intérieurs qu'extérieurs. De deux pachas qui se font la guerre, celui qui a le dessus est d'ordinaire confirmé dans son autorité, d'après le principe tacitement établi, que celui qui est le plus puissant dans une contrée, est aussi celui qui saura s'opposer le plus vigoureusement aux irruptions de l'ennemi.

Un certain attachement à la vie, et une plus grande inquiétude de la perdre, est un trait qui paraît généralement plus propre aux peuples du nord qu'à ceux du midi. Là où la fécondité est plus grande, la vie des hommes a moins de prix.

Nous raisonnons beaucoup sur notre destinée; l'habitant du Levant se résigne tranquillement à la sienne; d'où ces peuples tirent leurs maximes à l'appui desquelles ils se mettent au-dessus de tous les événemens: « Le sang qui doit couler ne « saurait rester dans la veine. Le paradis « est certain et l'enfer ne l'est pas moins. « Chacun a l'heure de sa mort écrite sur « son front, en caractères qui sont indé-

« chiffrables pour l'homme, mais que le « doigt de Dieu a tracés. »

Je me trouvai un jour présent à Smyrne, lorsqu'on annonça à un marchand turc la perte entière de sa fortune, par le naufrage d'un vaisseau qui venait de périr sur la route d'Alexandrie. « Dieu est grand! » dit-il pour toute réponse, et son visage ne montra pas la plus légère altération.

Les ordres de l'empereur, de quelque nature qu'ils fussent, étaient regardés autrefois par les Turcs comme venant de la part de Dieu; et essayer de s'y soustraire, eût été par conséquent se rendre coupable de forfaiture envers le ciel même. De là leur soumission si illimitée. Etait-il décrété que le grand-visir devait périr, c'était souvent à lui-même que l'empereur confiait l'exécution du jugement, et cela par un écrit de la teneur suivante : « Comme, « à raison de tel et tel crime, tu as mérité « la mort, il nous plaît d'ordonner qu'après « avoir rempli l'*obdest* (ablution de la tête, « des mains et des pieds), et le *némass* « accoutumé, (la prière), tu aies à livrer « ta tête à notre capidgi-bachi, qui te re« mettra le présent ordre. » Qui refuse d'obéir est tenu pour un mécréant et banni de l'église. « Cela arriva de mon tems, » dit Cantémir dans son Histoire de l'Empire ottoman, « à quelques hommes puissans « qui, soit par la force, soit par la fuite, « osèrent se soustraire à ce danger. Ils por- « tèrent toujours depuis le surnom enta- « chant de *firari*, fuyards, comme firari- « hasan-pacha, et firari-ismaël-pacha. Leur « honte s'est même transmise, en signe « d'éternel opprobre, sur la tête de leurs « enfans, qui sont également désignés par « les noms de *firari-oglu's*, fils de fuyards. »

Les Turcs qui, en beaucoup de points, sont devenus infidèles à leurs principes, ont cessé aussi d'être fidèles à celui-ci. Paswan-Oglu, Dgezzar et Ali-Pacha en sont la preuve; et maintenant la sublime Porte ne manque guère de recourir à la ruse, lorsque, sans exciter une sensation qu'elle redoute, elle veut se défaire d'un homme puissant qui lui fait ombrage.

La mort du pacha de Négrepont fut résolue il y a quelques années; mais il avait une influence qui rendait la commission périlleuse. L'on envoya donc, sous un prétexte quelconque, un capidgi-bachi qui se tint quelque tems auprès de lui sans rien entreprendre. Après que celui-ci eut bien sondé le terrain, il s'ouvrit au chef des janissaires de Négrepont, et moitié promesses, moitié menaces, il vint à bout de le gagner, ainsi que quelques-uns de ses subordonnés. Un jour que le capidgi-bacha et l'aga des janissaires avaient accompagné le pacha dans une promenade à cheval de l'autre côté de l'Euripe, et qu'à leur retour ils avaient repassé un pont-levis qui n'est séparé de la ville que par un assez court intervalle, tout-à-coup le pont fut levé par l'ordre de l'aga; en même tems on ferma la porte de la ville, et par ce moyen le pacha se trouva séparé de ceux sur lesquels il aurait pu compter. Le capidgi-bacha et les janissaires gagnés tombèrent alors sur lui et le poignardèrent, après quoi ils déployèrent l'ordre suprême en vertu duquel ils avaient agi. Comme la chose était faite, tout demeura tranquille.

Haliadgi-Aga exerçait, il y a dix ou douze ans, dans Athènes, la tyrannie la plus sanglante. Il savait épouvanter tous ses ennemis, ou obtenir contr'eux des arrêts de mort. Il allait même, par des corruptions et à l'aide d'un parti qu'il s'était formé dans le divan, jusqu'à se faire expédier des firmans en blanc, portant arrêt de mort, et dans lesquels il intercalait à volonté les noms des victimes qu'il lui convenait d'immoler. Il extorquait en même tems de grandes sommes par la menace de semblables arrêts. Tout ce qui pouvait se sauver prenait la fuite. La population d'Athènes diminua de moitié; le reste, qui n'avait pas grand'chose à perdre, lui obéissait servilement. Terrains, plantations, etc., il s'appropriait tout avec violence; et comme il avait en même tems une très-grande bravoure personnelle, rien ne pouvait lui résister. Il faisait construire aux dépens des malheureux Athéniens, des aqueducs, des jardins et autres ouvrages de tout genre. Sa maison de campagne, du côté de l'Académie, est la plus distinguée qu'il y ait dans les environs de la ville, mais d'une structure bizarre et toute combinée pour résister à un coup de main. Elle a la forme d'une tour carrée; les fenêtres et les chambres sont toutes dans la partie la plus élevée de l'édifice, qui est massif, et muni d'espace en espace d'embrâsures pour des fusils et des espingolles. Un escalier de plus de trente pieds de haut, situé extérieurement, composé de blocs antiques de marbre enlevés aux ruines, conduit par-dessus un pont-levis à une porte de fer; lorsqu'on lève le pont, la communication est coupée entre l'escalier et le bâtiment.

Une autre entreprise du tyran, qui du moins ne fut pas inutile pour la ville d'Athènes, ce sont les nouveaux murs dont il la fit entourer. Ils furent achevés en peu de mois avec une activité et une promptitude inconcevables, et composés de mortier, de briques, d'anciennes pierres taillées, en un mot de tous les matériaux qui se trouvèrent les premiers sous la main. Riches et pauvres, jeunes et vieux, Turcs comme Grecs, tout dut mettre la main à l'ouvrage; il en fut comme de la construction des murs de Messène sous Epaminondas; et une musique qui ne cessait de se faire entendre, encourageait les travailleurs. Cet ouvrage était destiné à protéger la ville contre les excursions des Albanais.

Des plaintes réitérées à la Porte la déterminèrent enfin à prononcer l'exil contre

Haliadgi-Aga; et comme précisément à cette époque il n'avait pas beaucoup de troupes à sa solde, et qu'il craignait une armée d'exécution du pacha de Négrepont, il lui fallut se soumettre. Mais bientôt il fut rétabli par l'intervention de ses amis, puis exilé de nouveau peu après, et rappelé encore. Comme il continua toujours les mêmes excès, on le transféra enfin à l'île de Cos, où il fut suivi par vingt ou trente de ses plus fidèles Albanais, qui s'unirent pour la défense de sa personne. Le grand-visir, qui visait à sa succession, tenta à diverses reprises de le faire assassiner; mais on craignait l'éclat, et d'ailleurs plusieurs de ces plans lui furent révélés par les amis qu'il avait à Constantinople. Enfin un simple *tschausch* se charge de la commission du visir [1]. Il se rend à Cos, et y répand qu'il a des affaires particulières à

[1] Les tschausch sont une espèce de messagers qui font le service dans le palais du grand-visir, et qui portent des lettres et des ordres dans toutes les parties de l'Empire; ils servent aussi quelquefois comme d'huissiers dans les tribunaux, et ne doivent pas être confondus avec ceux qu'on emploie comme adjudans en tems de guerre.

Alexandrie, fait même son accord dans le port avec un capitaine qui doit l'y transporter, et remet seulement son départ de jour en jour, assez adroitement, pour qu'Haliadgi n'en conçoive pas le moindre ombrage. Le tschausch lui fait un jour une visite de politesse, dans laquelle il lui parle de plusieurs connaissances communes. Une seconde visite suit bientôt la première, et n'inspire pas plus de défiance. Mais cette fois le tschausch saisissant un moment où il est seul avec Haliadgi, lui enfonce son poignard dans la poitrine. Le firman qu'il déploie le met également à couvert, et le visir est encore aujourd'hui en possession des biens de sa victime.

Accoutumés à ne voir jamais exécuter un arrêt de condamnation qu'avec toutes les formalités dont la loi prescrit qu'une pareille mesure soit revêtue, nous frémissons au récit de ces actes arbitraires de barbarie, et cette marche ne saurait caractériser en effet que le plus haut degré du despotisme uni au plus haut degré de la faiblesse. Il semble assez difficile que la trahison et la perfidie exercées à ce point par la suprême puissance, n'aient pas pour résultat inévitable de nourrir parmi le peuple et de nationaliser ces odieux sentimens Mais là où ce n'est pas la disposition naturelle, mais seulement le rang et l'exemple qui engendrent de pareils crimes, ils reposent assez ordinairement jusqu'à ce que la circonstance et la situation les reproduisent. Il n'est pas rare de rencontrer chez des nations patriotiques, des dignitaires qui se laissent corrompre, ni de voir des chefs pervers dans des armées dont l'esprit est excellent, et où l'on serait presque en état de déterminer le rang et le grade auquel cessent et commencent la vénalité et la corruption.

C'est au défaut d'armée permanente qu'il faut principalement attribuer l'impuissance de cet Empire; tandis que de ce même défaut résulte peut-être d'un autre côté un reste d'indépendance de sentimens et une ombre de liberté sous la tyrannie.

Le soldat turc, là même où il reçoit sa solde toute l'année, n'est jamais tenu à plus de six mois de campagne. Elle s'ouvre ordinairement chez eux le 23 avril, jour de saint Georges; et le 26 octobre, jour de saint Démétrius, ils retournent dans leurs foyers. Ils célèbrent ces deux jours, et prétendent que ces saints étaient Musulmans. Tout soldat qui, passé le 26 octobre, se présente devant le juge du camp et lui demande un certificat de ses services, peut s'éloigner sans courir le moindre danger d'être puni. Les possesseurs de certains fiefs, des timar et des ziamath, sont tenus au service; mais ils se font remplacer la plupart du tems par des hommes incapables, qui prennent la fuite à la première occasion.

J'ai entendu le riche aga de Kassaba, dans l'Asie Mineure, nous parler à ce sujet avec beaucoup de familiarité et de franchise. Nous le visitâmes un soir à notre passage par cette ville; et sur ce que nous lui dîmes que notre intention était de visiter le lendemain les superbes ruines de Sardes : « Ceux qui construisirent ces beaux « édifices, » nous dit-il, « doivent avoir été « très-puissans; mais une fois en posses- « sion de toutes ces belles choses, ils de- « vinrent indolens et énervés. Ils passaient « leur vie assis dans leurs vignes et à l'om- « bre de leurs oliviers; et nous autres Mu- « sulmans, qui étions pauvres et endurcis,

« nous eûmes peu de peine à nous rendre « maîtres de leur pays et à leur faire subir « notre joug. Fasse le ciel que nous n'é« prouvions pas un jour le même sort! La « solde des troupes est détournée, les ri« ches aiment le repos, tandis que les in« fidèles veillent sans cesse autour de « nous. »

Les fatigues de la mer sont celles auxquelles le Turc a le plus de peine à se soumettre. Ceux qui, fixés dans le voisinage de cèt élément, ont eu occasion de le connaître, ne se font jamais enrôler pour la flotte, et ceux de l'intérieur des terres s'éloignent pour toujours de ce service, aussitôt que le capitan-pacha est de retour à Constantinople de la course qu'il fait tous les ans pour recueillir le tribut dans les îles de l'Archipel. La plus grande partie de l'équipage des vaisseaux est composée de Grecs, que l'on presse par des mesures de violence, et qui ne peuvent pas même parvenir au rang d'officiers. Des pilotes Italiens du vaisseau amiral me racontèrent qu'à l'époque où le capitan-pacha se trouvait à Naples de Romélie, plusieurs Turcs s'étaient rassemblés avec la plus grande curiosité autour du mât, et considéraient très-attentivement les huniers. Ils pensaient qu'ils étaient destinés à convoquer les gens pour la prière, comme les tours des mosquées, ou les galeries des minarets[1].

Les finances de l'Empire sont dans un état de dilapidation qui passe toute croyance. Il suffira de dire que la plupart des branches sont affermées pour un an. Elles rapportent

[1] Le grand-amiral actuel, Katir-Bey, qui a été nommé à ce poste parce que le capitan-pacha Hussein l'avait désigné au Grand-Seigneur dans son testament, comme le plus capable de le bien remplir, commandait une frégate dans la dernière guerre, et mouilla pendant quelques jours devant Palerme. Quelques-uns de ses gens ayant eu une querelle à terre, les Siciliens tombèrent sur eux et en massacrèrent plusieurs. Là dessus Katir-Bey se rendit à Corfou, où il tomba malade, et fut traité par le comte Capodistria, aujourd'hui secrétaire d'état des Sept-Iles. Lorsqu'il se trouva seul avec lui, il lui remit de l'argent, le priant de faire brûler des cierges à St.-Spiridion, en actions de graces de sa délivrance à Palerme; tant était grande la frayeur que cet accident lui avait causée, et tant il tenait encore aux pratiques de dévotion usitées dans l'église grecque, quoiqu'il eût apostasié à l'âge de dix ans, avec son père qui était prêtre.

en effectif peut-être moins que celles de Prusse. Toutes les tentatives que l'on fait pour les relever, ne sont que de misérables palliatifs dénués d'énergie, et qui n'atteindront jamais la racine du mal. La nouvelle milice que l'on organise sur le pied européen, n'est qu'une poignée d'hommes. Du reste les troupes qui la composent ne sont point mauvaises, et ressemblent assez à la dernière conscription française, très-peu de semaines après sa formation.

La dépopulation va toujours croissant. On rencontre à chaque pas dans l'Asie Mineure et en Grèce, de vastes cimetières et des villages abandonnés, ou dont la population a péri. Ceci est moins sensible dans les villes, parce qu'il y a plus de moyens d'y subsister, et que le vide s'y remplit aux dépens des campagnes.

La crainte des Russes, des Autrichiens et des Français, est montée à son comble. Cet Empire touche à sa chute, et l'insatiable cupidité, la corruption et la vénalité du gouvernement ne manqueront pas de l'accélérer, du moment qu'une puissance étrangère quelconque se mettra en mesure de profiter de ses désordres.

Le commerce de l'Asie Mineure est aux abois. Le midi de la France en faisait le principal appui. L'on tirait de là des draps légers, (*londrins*) pour lesquels on donnait en échange des laines et des cotons. Maintenant tout est entre les mains des Anglais, qui ne prennent que le moins possible en échange les articles que nous venons de nommer, pouvant les avoir meilleurs et à meilleur marché dans les deux Indes. Par-là la balance de leur commerce devient entièrement passive. Ils subissent, en outre, un grand désavantage dans le cours du change, leur monnaie étant de si mauvais aloi, qu'elle laisserait à peine un mince profit au faux-monnayeur. Il ne leur resterait de ressource que d'établir des manufactures et des fabriques, et de les mettre promptement en valeur, et c'est à coup sûr de quoi ils ne s'aviseront pas.

C'est un préjugé assez généralement répandu parmi nous, que la vivacité de l'esprit ou même du sentiment se reconnaît à celle des mouvemens; d'où l'on a conclu que les Turcs étaient flegmatiques, parce que leurs mouvemens sont graves et mesurés ; sans faire attention, avant de tirer cette conséquence, que les Italiens, le peuple de l'Europe qui sans contredit a le plus de feu, sont bien à la vérité dans leurs mouvemens, énergiques et pleins d'expression, mais rien moins que prompts et impétueux. On n'a pas eu égard, en outre, à ce qu'il y a là-dedans de conventionnel. Une agitation comme la nôtre passerait chez les Turcs, non-seulement pour une inconvenance, mais même pour la marque d'une condition basse et servile ; d'où leur est venu l'usage de ne marcher à pas rapides qu'en présence de leur empereur, pour exprimer combien ils s'abaissent devant son auguste visage. Une marche lente et composée désigne quelque chose de majestueux.

Du reste on peut juger du goût qu'ils ont pour les violens exercices du corps, par leur vivacité à cheval et à la chasse, et par leur jeu de djirid, pour lequel ils ont une inclination particulière. Le djirid est un léger javelot, dont on se sert quelquefois à pied, mais la plupart du tems à cheval ; on en a trois dans un étui pendu à l'arçon de sa selle. Il se lance toujours au grand galop, et c'est à l'adversaire à tâcher de l'éviter. Ceux qui ont à cœur d'apprendre méthodiquement cet exercice, commencent par un javelot de fer, du poids de douze ockes (trente livres). Ils mettent le pouce gauche dans la ceinture, posent les deux pieds en ligne droite l'un derrière l'autre, et de la sorte lancent le dard dans un monceau de terre molle, ce qu'ils répètent jusqu'à sept cent fois. Ils en prennent ensuite un de bois, une fois plus grand que celui d'usage, et lorsqu'ils ont encore fait deux mille jets de cette façon, ils prennent le djirid ordinaire, qui alors leur paraît léger comme une plume.

Les Turcs sont en général d'humeur gaie, et il n'y a pas de ville en France, dans laquelle on entende plus chanter que dans les rues de Smyrne. Ils s'accompagnent quelquefois en raclant d'une espèce de guitare, que j'ai vue plusieurs fois faite de citrouille, et dont il faut avouer que le son n'est pas des plus mélodieux. Leurs chansons sont presque toujours sur un sujet tendre, à mesure courte et rimes rapprochées; elles ne contiennent qu'un motif ou exclamation, et sont de la plus grande simplicité. En voici quelques-unes littéralement traduites :

CHANSONS TURQUES.

Je suis épris d'une beauté, et je me consume à ce feu; viens, prends pitié de moi et appaise ma flamme.

O ma belle! pourquoi m'abandonnes-tu? pourquoi ne viens-tu pas vers ton bien-aimé? pourquoi me fuis-tu et tournes-tu tes regards vers un autre?

Jamais il ne s'en trouvera une plus belle que toi, plus remplie d'agrémens. Jamais je ne me lasserai de te contempler, jamais je ne m'arracherai d'auprès de toi!

A quelques cymbales et grelots près, ce que nous avons nommé musique des janissaires n'a aucune autre ressemblance avec la musique turque, que d'être comme elle fort bruyante. La musique turque est insupportable pour des oreilles européennes. On l'entend souvent à Péra dans le tems du baïram. Les différentes corporations viennent au son de la musique saluer le corps diplomatique, pour en avoir des étrennes.

La musique la plus agréable et la plus

douce que l'on puisse entendre à Constantinople, est celle des *mévélévi-derviches*, ou tourneurs, dont l'institution primitive était musicale, et qui ont encore dans leurs couvens des académies de musique à leur manière. Ils se meuvent très-rapidement en cercle pendant des heures entières, au chant d'un chœur et au son d'une flûte très-douce, faite de *nej*, sorte de jonc indien; leur geste est calme, et leur expression peint la ferveur religieuse. A cela près, le chant des Turcs ressemble assez à celui des Juifs, qui entonnent dans les synagogues, et ils font comme ceux-ci de si violens efforts pour chanter dans le haut, qu'ils sont obligés aussi de se soutenir la mâchoire avec les mains.

Le trait suivant de l'histoire Turque prouve, au reste, quels puissans effets ils attribuent à la musique; effets d'autant plus croyables qu'une nation est plus arriérée dans sa civilisation.

En 1637, Murad IV prit d'assaut la ville de Bagdad, et fit passer au fil de l'épée la plus grande partie des habitans. Il avait même résolu de n'en pas épargner un seul, lorsqu'un musicien s'avisa de supplier les commandans de suspendre un instant sa mort, ayant quelques mots à dire à l'empereur. « O le plus puissant des empe-« reurs, » lui dit-il, « ne souffre pas qu'avec « Schah-Kuli, (esclave du sultan, nom « qu'il conserva depuis) périsse un art « pour le seul amour duquel je désire que « ma vie puisse se prolonger encore, et « que je ne donnerais pas pour toute la « puissance que tu possèdes. » L'empereur lui ordonna de donner un échantillon de son savoir faire; sur quoi il prit un psaltérion (espèce de harpe à six cordes, dont on attribue l'invention au roi David, et qu'on dit être le plus beau de tous les instrumens), et chanta avec tant de grace et d'un ton si touchant une complainte sur la prise de Bagdad et un éloge du vainqueur, que bientôt Murad fondant en larmes, ordonna de faire grace à tous ceux qui n'avaient pas encore subi leur sort. Schah-Kuli le suivit à Constantinople, et vécut toujours dans ses bonnes graces. C'est effectivement par lui, ajoute l'historien, que la musique persanne, qui semblait déjà ensevelie sous les ruines de Bagdad, se répandit dans toute la Turquie.

Lorsque j'ai vu les femmes turques en grand nombre, aller et venir dans les rues et sur les marchés de Constantinople et de toute la Turquie, enveloppées dans leurs longs et larges manteaux de drap, et voilées jusqu'aux yeux; quand j'ai été souvent importuné des questions plus qu'indiscrètes des plus âgées, et étourdi de leur voix glapissante, je n'ai jamais manqué de me rappeler l'idée que l'on se forme chez nous de l'état du beau sexe dans le Levant, et qui s'accorde si peu avec la vérité. De même que pour nos pays protestans, l'idée d'un couvent de religieuses s'allie presque toujours dans l'esprit avec celle de victimes enterrées toutes vivantes; de même ici notre pitié ne s'exerce guères que sur des fantômes que notre imagination a créés.

Le fait est que, dans le Levant, les femmes sont considérées comme une portion de l'espèce humaine plus faible, moins importante, et dont proprement le rôle se borne exclusivement à la reperpétuer; et comme on ne leur suppose pas la force de résister à la moindre tentation, l'homme jaloux de transmettre une descendance sur la pureté de laquelle il n'ait aucun doute à concevoir, a pris soin, pour les préserver des faiblesses, d'écarter loin d'elles toute occasion d'y succomber. La femme doit voiler ses attraits, pour ne pas éveiller des desirs auxquels il lui serait trop difficile et à peine permis de ne pas céder, de la part de l'homme qui lui commande. Dans la suite, pour la commodité des deux sexes, et en même tems pour repaître la vanité, on a introduit dans ces mesures de précaution, une pompe et une étiquette dont les femmes elles-mêmes seraient aussi peu curieuses de se débarrasser, que la plupart des princesses de se défaire de leur cour, pour vivre plus libres et moins observées. Il est même hors de doute que les femmes d'une classe plus indigente, changeraient avec joie contre l'abondance et les chaînes dorées du harem, la liberté dont elles jouissent à l'ombre de leur pauvreté. Sans doute, au reste, que toutes ne se plaisent pas dans cet esclavage, et que de leur clôture naissent diverses sortes d'abus et de vices dont Montesquieu, dans ses *Lettres Persannes*, a si vivement tracé la peinture. Mais, ce qui est démontré, c'est que les femmes turques, dans leur prétendue prison, ont du moins la pleine possession des premiers plaisirs de leur sexe, le soin de l'intérieur de leurs maisons, et l'éducation première de leurs enfans : elles savent en outre très-bien étendre le cercle de leur activité, et se créer des dédommagemens pour ces jouissances délicates de l'esprit auxquelles elles restent étrangères, et que donne aux peuples de l'Occident le libre commerce des deux sexes. Peu d'hommes d'ailleurs sont assez riches pour suffire au dispendieux entretien de plusieurs femmes et esclaves. Mais si une passion secrète vient à s'emparer du cœur d'une femme turque, aucune considération de honte ou de danger ne saurait la retenir ; et si l'ignorance dans laquelle elle a été élevée ne lui permet pas d'écrire, le bouquet de fleurs viendra à son secours, et le *muschi-rumi* (la jacinthe muscade), qu'elle n'oubliera pas d'y mêler, équivaudra pour l'heureux initié à ces mots : « Je t'accorde tout. » Néanmoins je suis loin de croire que le harem d'Usbeck soit le type de tous les harems, non plus que les Nonnes de Boccace et de Gresset le portrait de toutes les épouses du ciel.

L'anecdote suivante, que je tiens de personnes très-dignes de foi, prouve quelle est sous ces climats la vivacité des passions. On voit dans la citadelle de Smyrne une tête antique, mutilée, en proportions demi-colossales, et d'un travail médiocre : les antiquaires et les voyageurs la donnent pour la tête de l'amazone Smyrna, quoiqu'elle n'ait aucun attribut qui la caractérise comme telle. Elle est enchâssée dans le mur à une assez grande hauteur, et sert souvent de but aux arquebusiers. Un janissaire de la garnison devint épris de cette tête de pierre, et sa passion le jeta dans une mélancolie si profonde, qu'il passait des journées entières assis devant la statue, lui adressant des chansons plaintives, en s'accompagnant de son luth, jusqu'à ce que peu-à-peu il se consuma et périt.

Les Turcs manifestent envers les animaux un sentiment de tendresse et de compassion qui n'existe chez aucun autre peuple. Hors la chasse, à laquelle plusieurs d'entr'eux sont adonnés, jamais certainement on ne les verra, de leur propre mouvement, et sans un but d'utilité, priver de la vie, ou même maltraiter un animal quelconque.

Aussi les rues de Constantinople fourmillent-elles de chiens et de chats, qu'un grand nombre de dévots prennent soin de nourrir tous les jours. Le port est rempli de dauphins et d'oiseaux, que les ménagemens qu'on a pour eux ont rendus familiers et hardis au-delà de tout ce qu'on pourrait croire. J'ai vu un vieillard dans la Troade, qui tous les jours jetait des miettes de pain sur une fourmilière. Il arriva pendant mon séjour à Athènes quelque chose d'assez singulier. Les cygognes, qui s'y rendent tous les ans en fort grand nombre, et qui, comme on sait, ont une tendresse particulière pour leurs petits, quittèrent tout d'un coup leurs nids avant que ceux-ci eussent pris leur vol et fussent encore en état de se nourrir. Au bout d'environ quinze jours elles reparurent, mais ne restèrent que très-peu de tems, et s'envolèrent de nouveau. Cela fut regardé comme l'annonce d'un tremblement de terre ou de quelqu'autre événement sinistre. Mais le disdar, ou commandant du château, se chargea des jeunes orphelins, et les fit nourrir avec le plus grand soin; de sorte qu'on en voyait depuis des essaims entiers voltiger autour de son habitation.

C'est qu'il est de croyance chez les Turcs que Dieu, au jour du jugement, ne jugera pas seulement la conduite des hommes envers les hommes, mais aussi envers les animaux, ainsi que celle des animaux l'un envers l'autre. Aprés l'énonciation du jugement, tous les animaux, à la vérité, périront et retourneront en poussière; mais Dieu punira éternellement les pécheurs, de même qu'il comblera de félicités les Musulmans qui auront beaucoup de bonnes œuvres à lui offrir.

Il existe aussi beaucoup de lois bienfaisantes envers les animaux, comme par exemple : « Si un Musulman s'aperçoit que « son cheval a perdu ses fers, et qu'ayant « occasion de lui en faire mettre de nou« veaux, il n'en continue pas moins à le « faire marcher jusqu'au soir sur des che« mins rudes et pierreux, que la baston« nade soit appliquée à cet homme dé« pourvu de compassion. »

Le sultan actuel, se promenant un jour à cheval, lorsque l'hiver était déjà avancé, vit des bergers qui arrachaient des agneaux à leurs mères pour les vendre à des bouchers. Le cri plaintif des brebis le toucha, et il défendit que dorénavant on envoyât des agneaux à la boucherie, avant un jour déterminé après Pâques. (On sait que la plupart des brebis mettent bas en hiver). Peu après on saisit un Bulgare, qui fut convaincu d'en avoir vendu un en cachette dans le palais de Suède, à Péra, et on lui fit trancher impitoyablement la tête.

Les prêtres et les moines n'ont en Turquie, ni autant d'influence, ni autant de richesses que dans les Etats catholiques; et ce ne sont ni des vœux ni une consécration, mais seulement l'étude du rite, du droit et du coran, qui fait entr'eux et les laïques la ligne de démarcation. Les derviches ont à-peu-près le même genre de considération et le même cercle d'activité que les capucins. Il n'est pas rare que, par leur adresse, leurs prévenances, et de petits services qu'ils rendent, ou aussi par leur habileté et leur bonne réputation, ils se procurent de l'accès et de l'influence chez les grands, qui vont alors quelquefois jusqu'à leur confier l'éducation de leurs enfans.

L'usage immodéré de l'opium n'est pas plus commun chez les Turcs, que chez nous les excès dans l'usage des boissons spiritueuses. La défense de boire du vin n'y est plus guères observée, et les Turcs d'Albanie sur-tout n'y ont pas le moindre égard. D'autres en boivent jusqu'au tems de leur pélerinage à la Mecque, que proprement tout Musulman qui en a les moyens, doit faire une fois en sa vie, et qui forme chez eux une époque religieuse.

Murad IV fut le plus grand ivrogne qui jamais se soit assis sur le trône de Turquie. Il allait jusqu'à obliger le mufti et le kassilaskier à boire du vin avec lui, et il permettait à ses sujets de toutes les classes d'en vendre publiquement. En revanche, il haïssait le tabac et l'opium. Lorsque la mort lui enleva son favori et compagnon de table, Bekkiri-Mustapha, qu'il avait admis à son conseil secret, il fallut que toute la cour prît le deuil, et il le fit inhumer avec la plus grande pompe, dans une taverne, sous des tonneaux. Il déclara par la suite que, depuis ce moment, il n'avait pas eu un seul jour de contentement.

Deux hommes[1] qui connaissaient parfaitement l'Orient et l'Occident, ont traité la question : lesquels des habitans de l'un ou de l'autre de ces climats devaient avoir une plus grande masse de bonheur et de jouissances ? Tous deux ont décidé en faveur de l'Orient, et, pour ce qui concerne les Turcs, je suis assez tenté de me ranger de leur avis.

Nous habitons un climat où les anciens Grecs soupçonnaient à peine des habitans, et ce n'est peut-être que, pour trouver notre situation plus supportable, que nous relevons avec complaisance les désavantages des pays méridionaux. Ici chaque année la nature se livre à un long et profond sommeil, là elle ne fait que s'assoupir légèrement. Il nous faut arracher péniblement à la terre le tribut qu'elle leur acquitte au premier appel. Nous ressemblons, comme dit Pétrone, à ces pêcheurs qui, pour prendre un petit poisson, s'enrhument à force d'attendre sur leurs rochers, tandis qu'eux voient leurs filets se déchirer sous l'abondance de la capture. Il nous faut sans cesse aller et venir, agiter et

[1] MM. Volney et Brown.

tourmenter toute notre vie, tandis qu'ils choment les trois quarts de la leur au sein du repos et des jouissances ; ce que nous jugeons à propos de nommer paresse et de leur imputer à honte. Il est même certain que chez nous le paysan n'extorque pas dans une journée entière de fatigue, ce qu'une heure d'un travail facile assure au lazzaroni du Levant ; et c'est ce qui nous ôte le droit d'insulter aux Turcs, si, parés de riches habits, ils se plaisent à s'asseoir à l'ombre, auprès d'une eau claire, à la porte de leurs cafés, se livrant à la contemplation, ou s'entretenant avec leurs amis.

Ils ont un sentiment très-vif des beautés de la nature, et pour leurs maisons de campagne, ainsi que pour leurs habitations et places de divertissemens ; mais sur-tout pour leurs cafés, comme le principal lieu de leurs rassemblemens, ils ne manquent pas de choisir les situations les plus agréables. Le chant des oiseaux les ravit, et ils ont un grand attrait pour les fleurs, dont ils se parent tous à certaines fêtes. Ils portent même des myrtes sur les tombeaux, en mémoire des morts ; et j'ai rencontré des pierres tombales isolées, et à une grande distance de toute habitation, où l'on en voyait des branches fraîchement plantées. Là où ils savent un vieux et bel arbre, ils en prennent un soin que les bergers de Gessner ne désavoueraient pas ; ils dirigent de l'eau qui vient en arroser les racines, ils y bâtissent un kiosk et des siéges. Enfin, s'ils ont brisé les statues des dieux de la Grèce, ils n'ont du moins effarouché ni les Dryades ni les Hamadryades, et les Nymphes des eaux et des bois ne doivent pas les regarder d'un œil moins favorable que les peuples qui originairement ont habité les mêmes pays.

Si ce court article a pris l'aspect de l'extrait resserré d'nn plus grand ouvrage, c'est que je me suis efforcé seulement de rassembler quelques résultats, tels qu'ils se sont présentés à mon esprit et à mes yeux pendant le séjour que j'ai fait au milieu des Turcs. Ce sont quelques fruits de peu de valeur, qui ont mûri chez moi ; celui qui voudra connaître l'arbre dans toute son étendue, doit l'aller chercher dans le climat qui lui est propre, s'il ne se contente de le trouver ici en serre-chaude. Cet objet était proprement hors de la route que je me suis tracée, et je n'ai pas procédé en amateur qui, dans un parterre, choisit et rassemble toutes les nuances; mais plutôt, laissant de côté des fleurs plus agréables, je n'en ai cueilli que quelques-unes plus simples, et portant avec elles le germe qui les féconde.

DESCRIPTION

DE LA PORTE DES LIONS,

A MYCÈNES[1].

J'AI l'honneur de vous faire passer ci-joint l'esquisse que M. Gropius a tracée des ruines d'une porte de Mycènes. J'y joindrai seulement quelques mots pour servir à l'intelligence de ce monument; me trouvant en voyage, et dépourvu de livres, il ne me serait pas possible de vous

[1] Le morceau que je donne ici ne fait pas partie de l'ouvrage original; il avait été publié antérieurement dans le *Mercure allemand* de janvier 1805, et l'auteur, comme on le voit par sa lettre même, était encore en voyage lorsqu'il l'adressa au célèbre archéologue Bottiger. Mais il m'a semblé que, jetant du jour sur une question qui a beaucoup occupé depuis peu un grand nombre de savans français, je ne pouvais me dispenser de l'ajouter à un voyage dont proprement il fait partie, et j'ai eu l'avantage de le traduire, comme le reste de l'ouvrage, sous les yeux même de l'auteur. (*Note du traducteur*).

donner des renseignemens plus précis. J'ai donc recours à la seule voie qui me reste, qui est de copier quelques feuilles de mon journal, en y ajoutant ce que ma mémoire me fournira. Heureusement j'avais noté en marge les passages les plus indispensables de Pausanias.

Après avoir examiné le mieux qu'il nous avait été possible, les restes du temple de Némée, nous continuâmes notre route vers la village de Karvato, dans le voisinage duquel se trouvent les ruines de Mycènes. Nonobstant toutes les représentations de notre janissaire, et malgré une dispute assez vive que j'avais eue avec le bey de Corinthe, en lui déployant mon firman, il ne nous avait pas été possible d'y obtenir des chevaux de Tartares, parce qu'ils étaient tous en réquisition pour le service du pacha de Morée. Cette tournée d'inspection occasionée par la crainte que le pacha avait conçue d'une irruption subite des Français, mettait tout le monde en mouvement, et toute l'impuissance de la Porte se montrait à découvert dans ses mesures.

Si nous avions eu la petite herbe de latacée, dont les rois de Perse avaient coutume de pourvoir leurs ministres, et qui leur assurait dans leurs voyages toutes les commodités dont ils pouvaient avoir besoin, on nous eût épargné le désagrément de voyager sur le cheval d'un agojati, que nous n'obtînmes encore que par une faveur particulière du bey.

Ce fut le 9 octobre 1803, que nous nous mîmes en route. Il nous fallut plus d'une heure et demie pour parcourir la distance de Némée à Mycènes, qui me paraît devoir être d'environ un mille et quart ou un mille et demi d'Allemagne. La route conduit le long d'une rivière limpide, dont la pente a beaucoup de rapidité, et qui ne tarit pas, même pendant les chaleurs de l'été ; c'est sans doute ce chemin qui conduit au-delà du Tritus, et dont Pausanias dit : « Qu'il « est à la vérité fort étroit à cause des « montagnes qui le bordent des deux côtés, « mais néanmoins le plus commode pour « les voitures. » Pour aujourd'hui, il ne faut pas penser à s'y faire voiturer. Nous lisons aussi dans l'ancien géographe : « On « montre encore dans ces montagnes la ca- « verne où s'était gîté le lion de Némée, « et Némée en est distant d'environ quinze

« stades, » (trois huitièmes de milles d'Allemagne). On remarque effectivement dans un rocher, sur la gauche, une caverne spacieuse, quoique assez peu profonde, et que je n'hésite pas à prendre, sinon pour celle du lion, du moins pour celle qu'on avait désignée comme telle à Pausanias. Les montagnes d'alentour, que l'on a décrites autrefois comme couvertes d'arbres majestueux, n'offrent plus aujourd'hui que quelques chétifs arbrisseaux, épars en petite quantité. Il paraîtrait que la nature du sol a subi des changemens, et a cessé d'être favorable à la végétation des forêts; car il y a si long-tems que cette belle partie du Péloponèse est dépeuplée, qu'elles eussent eu tout le tems de s'y reproduire et d'y atteindre de nouveau leur antique élévation.

Nous passâmes devant deux dervends occupés par des Grecs. Ceux-ci viennent d'ordinaire au-devant des voyageurs, leur présentant de l'eau pour appaiser leur soif et du feu pour allumer leurs pipes, complaisance qu'on reconnaît, si on le juge à propos, par une légère rétribution.

A une demi-lieue avant d'arriver à Karvato, s'ouvre la plaine d'Argos, *cette nourrice de chevaux*. Devant nous dans le lointain nous apercevions le château situé sur une hauteur, tandis que vers la gauche Naples de Romanie avec le château romantique de Palamidi, et la rade dans laquelle se trouvait précisément l'escadre du capitan-pacha, attiraient et charmaient nos regards.

Arrivé à quelque distance des ruines de Mycènes, je laissai mon cheval entre les mains de mon domestique; et après avoir franchi plusieurs collines, je parvins d'abord à une muraille composée de pierres irrégulièrement polygones, placées les unes sur les autres sans mortier ni ciment, mais qui dans les endroits conservés n'en forme pas moins, comme les murs de Tirynte, une ligne parfaitement perpendiculaire. Cette muraille située au sud-ouest s'étend vers la porte des Lions, embrassant tout le circuit de cette montagne très-élevée, sur laquelle est située Mycènes. Seulement, comme on se le figurera sans peine, elle est détruite en plusieurs endroits, et ne peut se reconnaître qu'à la trace des pierres gisant sur le sol. On a toujours profité, dans la construction, des découpures ainsi

La Porte des Lions à Mycènes.

que des élévations du rocher, sur-tout près de la porte des Lions et sur l'éminence qui lui sert de base, où la maçonnerie est liée avec beaucoup plus de soin, les pierres plus grosses, mieux choisies et mieux taillées.

Pausanias dit très-brièvement dans ses Cointhiaques, en parlant de la destruction de Mycènes : « On voit encore entre autres « pièces de la muraille d'enceinte, une « porte sur laquelle il y a des lions. On « prétend que ces murs sont l'ouvrage de « ces mêmes Cyclopes qui élevèrent pour « Prœtus ceux de Tirynte. » L'on a voulu même, au détriment des enfans de Tubal-Kain, faire honneur aux Cyclopes de l'invention des tours; mais Pline cite Théophraste qui l'attribue aux Tiryntiens.

Quoi qu'il en soit, ces murs semblent effectivement plutôt l'ouvrage des fils du ciel et de la terre, que des faibles enfans des hommes, et leurs puissans constructeurs méritaient bien les autels que, suivant Pausanias, les Corinthiens leur dressèrent.

La sculpture de la porte de Mycènes (*fig.* 1) est-elle aussi l'ouvrage des Cyclopes, c'est ce qu'il est difficile de décider, mais du moins est-il certain qu'ils avaient du goût pour cet art et qu'ils l'exerçaient quelquefois; on en a la preuve dans une tête de Méduse, de leurs mains, que l'on montrait à Argos dans le temple de Céphisse [1]. Ce qu'il y a de certain aussi, c'est que ces lions sont un monument du plus ancien style de la sculpture en pierre des Grecs, lorsque leur goût s'écartait encore très-peu de celui des Egyptiens. Tout le bas relief pyramidal, dont la hauteur est de sept à huit pieds, ne ressemble pas mal à un écusson dont les lions seraient les supports. La tête de ces lions ne subsiste plus; mais il faut ou qu'ils aient regardé par-dessus les colonnes, ou qu'ils aient eu des têtes en face par-dessus des corps en profil. Il n'y a aucune trace de crinière, mais ils portent des anneaux à leurs griffes, et celles-ci n'ont qu'une séparation. La colonne, de pur ornement, qui s'élève entre les deux lions, se rapproche de l'ordre dorique; mais la base en est d'un style particulier, de même que le chapiteau.

La porte est encombrée presque jus-

[1] Peut-être mieux Erasinos.

qu'en haut, et l'ouverture, à mesure qu'elle s'élève, diminue sensiblement de largeur, comme c'était le style d'alors. La pierre sur laquelle pose le bas-relief, a 14 pieds de large ; au bas on distingue les trous dans lesquels la porte se mouvait sur ses gonds. Au-dessus à droite et à gauche, et à côté des lions, on voit de petites fenêtres pratiquées dans la muraille, par où peut-être, quand les portes étaient fermées, les gardiens regardaient ce qui se passait en-dehors.

La porte fait face à Corinthe, et doit avoir été une des principales entrées de Mycènes. Les voitures pouvaient y passer fort à l'aise, tandis qu'une seconde porte, parfaitement conservée, que l'on rencontre en suivant un peu plus loin la muraille vers la droite, et qui fait face aux montagnes, ne pouvait être destinée que pour les gens de pied. D'énormes blocs forment également le linteau et les jambages de celle-ci, et les trous dans lesquels se mouvaient les gonds se distinguent encore dans le linteau comme sur le seuil.

J'ai déjà observé plus haut que les murs de Mycènes étaient bâtis en pierres polygones ; et effectivement les couches ne sont pas même exactement horizontales, mais fort loin cependant de s'écarter autant de cette ligne qu'un pan de muraille que l'on voit à Argos (*fig.* 2), construit également en masses de pierre d'un volume prodigieux, et sur lequel on remarque des *ex-voto*, dont je donne ici l'esquisse (*fig.* 3). On y distingue encore des inscriptions ; mais il ne me fut pas possible de les lire, le jour étant défavorable et sur son déclin.

Sur le chemin des Thermopyles à Delphes, près d'un chan où nous passâmes la nuit, et dont la situation répond assez exactement à celle que la carte des *Voyages d'Anacharsis* assigne à l'ancien Pœdies, se trouvent les ruines d'un château antique, avec des murs tels que ceux dont je viens de faire mention à Argos ; mais ici les contours des pierres ne sont pas même rectilignes, et forment souvent des courbes. Cette manière de bâtir doit avoir été la plus ancienne de toutes : ensuite sera venue celle où les couches horizontales des pierres sont déjà plus rigoureusement alignées, mais où les blocs, pris isolément, ne sont ni égaux ni rectangulaires, comme on en voit trop d'exemples pour que j'aie besoin d'en citer, et comme sont aussi, si je ne me trompe, quelques monumens étrusques, et les plus anciens des Romains. Les murs de Messène, bâtis sous Epaminondas, me paraissent offrir un modèle du plus haut degré de perfection que la maçonnerie puisse jamais atteindre, et Pausanias ne fait que leur payer un juste tribut quand il dit : « Mais je sais que les murs « de Messène sont encore plus forts que « ceux d'Amphryse, de Byzance et de « Rhodes, les trois villes cependant dont « les citadelles passent pour être protégées « par les plus fortes murailles. »

Au reste, ces murailles de Messène ne sont pas à beaucoup près aussi épaisses que celles de Tirynte. J'ai mesuré celles-ci en quelques endroits bien conservés, et j'ai trouvé que leur épaisseur était de vingt-quatre pieds anglais. Mais il ne faut pas croire qu'elles soient composées dans toute leur profondeur de masses de pierre égales à celles de leur surface ; on trouve en plusieurs endroits un remplissage de gravier et de petites pierres, ce qui a même lieu dans la construction extrêmement régulière des murs de Messène, quoique ceux-ci n'aient que quatre à cinq pieds d'épaisseur. L'on sait aussi que, malgré tout l'acharnement de leurs ennemis, ces deux villes ne purent jamais être prises que par famine.

Il est naturel que dans un tems où le territoire des républiques, ainsi que celui des rois, ne consistait d'ordinaire que dans une ville, on ait mis plus de soins à la fortifier et à la construire solidement, puisqu'avec elle, d'un seul coup pouvait s'écrouler toute la domination; et je serais tenté de croire que, comme dans les carrières de marbre soit de Paros, soit Penthélique, les colonnes se taillaient dans le roc même, parce qu'on n'avait pas l'avantage que nous avons acquis de faire sauter de grosses masses à l'aide de la poudre; de même ces villes pourraient bien avoir été tracées dans les carrières voisines, et détachées au ciseau, à quelques lacunes près. Ce que Pausanias dit des pierres employées à Tirynte et à Mycènes, est vrai en très-grande partie: « Que chacune de ces pierres était « telle qu'une couple de mulets ne suffisait « pas pour mettre la plus petite en mou-

« vement. » Euripide fait mention dans ses Phéniciennes, d'une pierre « capable « de remplir une voiture, » que Périklymenos détacha des murs de Thèbes pour en fracasser la tête du fils d'Atalante. J'ai reconnu aussi, près de quelques carrières dans le voisinage d'Athènes, et dans un emplacement où d'ailleurs il ne passait aucune route, la voie des voitures qui emportaient les masses de pierre.

Puisque je me suis arrêté si long-tems à la porte des Lions et à la muraille de Mycènes, je ne veux plus que passer légèrement sur les autres restes encore subsistans de cette ville, ainsi que de Tirynte, que je ne visitai au reste que plusieurs jours ensuite. Il ne s'est conservé de la dernière que les murs dont il a déjà été question, et une allée voûtée dans la partie qui fait face à Argos, avec des allées de côté en forme de casemates. Les petits serpens qui, suivant Pline, y croissent de la terre, et qui, innocens pour les indigènes, sont mortels pour les étrangers, ont bien voulu m'épargner.

A Mycènes, en revanche, on retrouve encore tout ce que Pausanias a vu et décrit. Les ruines de cette ville méritent certainement d'être comprises au nombre des plus précieuses et des plus riches du Péloponèse, et le sentiment classique auquel on ne saurait se refuser à leur aspect, se trouve doublement excité quand on considère le peu de changemens qu'ont subis les débris d'une ville détruite après les guerres de Perse, et qui depuis ne fut jamais ni relevée ni habitée. Mais ce qui saisit sur-tout et pénètre d'une terreur tragique le voyageur même le moins disposé à l'exaltation, c'est l'aspect du monument que l'on désigne d'ordinaire sous le nom de *tombeau d'Agamemnon*.

L'histoire héroïque de Mycènes se présente toute entière à l'esprit, du moment qu'on aperçoit une petite partie du lieu qui lui servit de théâtre; et l'on conçoit qu'Iphigénie, derrière les symplégades inhospitalières, et sa sœur Electre, dans l'humble cabane du paysan auquel, pour la dégrader, on l'avait forcée de s'unir, n'aient cessé de soupirer après les majestueux portiques sous lesquels elles avaient passé les premières années de leur vie.

Plusieurs prennent ce bâtiment pour un temple; mais cette opinion ne peut avoir pour fondement que la majesté de l'édifice et la profonde impression qu'il produit. Par une entrée qui se rétrécit très-sensiblement vers le haut, on pénètre dans une voûte à moitié souterraine, dont la forme est celle d'une coupole assez élevée, et qui est composée de pierres d'une grosseur extraordinaire. Celle qui sert de linteau et qui unit les deux jambages, a bien trente pieds de long sur quinze de large et cinq de profondeur, et peut par conséquent être mise en parallèle avec celle du tombeau de Théoderic, près de Ravennes, sur laquelle on a publié des dissertations particulières. La voûte peut bien avoir cinquante pieds dans son diamètre inférieur, et soixante d'élévation. Devant la porte il y avait deux colonnes doriques d'un gris verdâtre, et coupées de façon à cadrer avec les jambages. Elles étaient ornées dans leur entier d'ouvrage de sculpture. Un chapiteau et un tronc de ces colonnes étaient encore étendus à terre.

Une autre porte à droite dans l'intérieur de la voûte, conduit à une chambre taillée dans le roc, d'environ six à huit pieds de large. Deux pilastres également taillés dans le roc en ornent l'entrée. Cette chambre est à moitié remplie de terre, et le jour n'y pénètre d'aucun côté. N'ayant pas prévu cette circonstance, je n'avais pas pris de lumière, de sorte qu'il fallut me contenter de tatonner dans l'obscurité. La montagne dans laquelle le bâtiment est taillé et construit, s'élève encore de vingt à trente pieds plus haut. Dans les murs de côté, ainsi que dans la coupole, il se trouve à distances égales des clous d'un superbe bronze, si solidement fixés, qu'on ne peut en arracher un seul sans le secours des instrumens.

Les anciens auteurs parlent très-fréquemment d'un tombeau d'Agamemnon; mais ne l'ayant jamais caractérisé semblable au bâtiment que je viens de décrire, je ne conçois pas d'où l'on s'est avisé d'appliquer ce nom à celui-ci. Il est bien plutôt entièrement propre à garder des trésors, et Pausanias dit : « Dans l'amas de pierres « que l'on voit à Mycènes, il y a une fon- « taine que l'on nomme *Persea*, et des « chambres souterraines où Atrée et ses « fils gardaient leurs trésors. » Ces clous de bronze pourraient même avoir servi à suspendre des écus et des armes, ou des tapis et de riches habits; car j'ai peine à croire que les murs aient été garnis de plaques de métal, circonstance que Pausanias n'eût pas omise.

Mais une preuve plus que suffisante, est celle qui se tire de la parfaite analogie de ce monument avec le trésor de Minyas à Orchomène. Pausanias se plaît aussi à rapprocherl'architecture de ces deux villes, ce qui vient à l'appui de ma conjecture. Il dit dans ses Béotiques : « Les Grecs sont plus « disposés à admirer les objets étrangers « que ceux qui leur sont propres. De célè- « bres écrivains ont décrit avec exactitude « les pyramides d'Egypte, et pas un ne « s'est avisé de dire un mot de la chambre « du trésor de Mynias ni des murs de Ti- « rynte, qui certainement ne méritent pas « moins d'admiration. » Et plus bas, faisant mention, pour la troisième fois, de ces chambres bâties par Trophonius et Agamèdes : « Elle est en pierre, et de forme ronde : « la coupole ne s'élève pas fort en pointe ; « la pierre la plus élevée paraît servir de « clef à toute la voûte ; » toutes circonstances qui cadrent textuellement avec la voûte de Mycènes.

Le voyageur en Grèce doit porter une attention particulière aux fleuves, aux fontaines et aux puits. Souvent, comme à Athènes, on reconnaît la situation d'anciennes bourgades ou *dèmes*, à des puits conservés, ou bien à la maçonnerie qui les entourait. C'est ainsi que Persea coule encore aujourd'hui sur une hauteur de Mycènes, avec la même fraîcheur et la même pureté qu'autrefois, lorsque Persée la fit jaillir de dessous un champignon (*Mycès*) qu'il arracha; évènement d'où cette ville paraît avoir tiré son nom. Maintenant on l'a dirigée par-dessus la clef de la voûte du trésor, en descendant de Karvato.

Dans l'intérieur de l'enceinte, on remarque beaucoup d'éminences tombales; mais je ne hasarderai pas d'en faire la distribution entre leurs possesseurs respectifs. On en distingue aussi quelques-unes hors des murs. Là gisaient Clytemnestre et Egisthe, indignes de reposer dans la même terre qui possédait les restes d'Agamemnon et de Cassandre.

FIN DE LA PREMIÈRE PARTIE.

TABLE

DES MATIÈRES

Contenues dans la première partie.

Fin de la Table de la première partie.

CARTE
de la
GRÈCE
et de
L'ARCHIPEL
Dressé par P. LAPIE, Capne. Ingr. Géog. 1re.
1807.
MER NOIRE
MER DE MARMARA
MER ADRIATIQUE
ITALIE
MER D'IONIE
GRÈCE
ASIE MINEURE
ICRITI ou ILE DE CANDIE
MER MÉDITERRANÉE

www.ingramcontent.com/pod-product-compliance
Ingram Content Group UK Ltd.
Pitfield, Milton Keynes, MK11 3LW, UK
UKHW020203250726
13967UKWH00003B/1246